农用地土壤重金属生态环境污染风险评价与管控

欧阳喜辉　刘晓霞　李花粉 等　著

中国农业出版社
农村设物出版社
北　京

图书在版编目（CIP）数据

农用地土壤重金属生态环境污染风险评价与管控 / 欧阳喜辉等著 .—北京：中国农业出版社，2020.5

ISBN 978-7-109-26238-6

Ⅰ.①农… Ⅱ.①欧… Ⅲ.①耕作土壤—土壤污染—重金属污染—风险管理—研究 Ⅳ.①X53

中国版本图书馆 CIP 数据核字（2019）第 268972 号

中国农业出版社出版

地址：北京市朝阳区麦子店街 18 号楼

邮编：100125

责任编辑：冯英华　杨晓改　　文字编辑：徐志平

版式设计：杜　然　　责任校对：吴丽婷

印刷：北京中兴印刷有限公司

版次：2020 年 5 月第 1 版

印次：2020 年 5 月北京第 1 次印刷

发行：新华书店北京发行所

开本：700mm×1000mm　1/16

印张：9.5

字数：220 千字

定价：68.00 元

版权所有 · 侵权必究

凡购买本社图书，如有印装质量问题，我社负责调换。

服务电话：010-59195115　010-59194918

著　者　名　单

欧阳喜辉　刘晓霞　李花粉
周　洁　　王鸿婷

前　言

随着社会经济和现代化工农业生产的高速发展，工农业废弃物的大量排放及不合理管理，使得土壤污染问题日趋严重，特别是土壤重金属污染已成为一个全球化的环境问题。2014年4月17日，我国环境保护部和国土资源部发布的《全国土壤污染状况调查公报》显示，全国土壤总的超标率为16.1%，其中轻微、轻度、中度和重度污染点位比例分别为11.2%、2.3%、1.5%和1.1%。污染类型以无机型污染为主，有机型污染次之，复合型污染比重较小，无机型污染物超标点位数占全部超标点位的82.8%。镉、汞、砷、铜、铅、铬、锌、镍8种无机污染物点位超标率分别为7.0%、1.6%、2.7%、2.1%、1.5%、1.1%、0.9%、4.8%。从污染分布情况看，南方土壤污染重于北方；长江三角洲、珠江三角洲、东北老工业基地等部分区域土壤污染问题较为突出，西南、中南地区土壤重金属超标范围较大；镉、汞、砷、铅4种无机污染物含量分布呈现从西北到东南、从东北到西南方向逐渐升高的态势。

农用地产地环境质量是农业生产的基础条件，农产品产地安全是农产品质量安全的根本保证。农产品产地安全状况不仅直接影响到国民经济发展，而且直接关系到农产品安全和人体健康。一旦农产品产地被污染，由于具有隐蔽性、滞后性、累积性和难恢复性等特征，所带来的危害将是灾难性的，主要表现在加剧土地资源短缺，导致农作物减产和农产品污染，威胁食品安全，直接或间接危害人体健康。农用地土壤重金属风险评价与管控是一项重要的基础性和公益性工作，对切实加强农用地土壤污染防治，逐步改善农用地土壤环境质量，保障农产品的质量安全有重要意义。本书创新性地采用《土壤环境质量　农用地土壤污染风险管控标准》（GB 15618—2018）中的风险管制值和风险筛选值的比值法对农用地土壤重金属风险进行综合评估，采用地质累积指数法对土壤重金属的累积特性进行评估，依据农业行业无公害农产品产地环境条件系列标准、《绿色食品　产地环境技术条件》（NY/T 391—2013）和《有机产品　第1部分：生产》（GB/T 19630.1—2019），对发展无公害农产品、绿色食品和有机产品的产地土壤环境进行适宜性评估分析；以北京市为例，从农产品生产情况、农用地分布状况和污染源调查、环境单元的划分、土壤采样点位的布设与土壤的重金属监测及风险评价等方面进行案例分析，探讨了农用地土壤重金属生态环境污染风险评价方法。总体而言，本书对全面、科学、客观地评价农用地土壤环境质量，合理高效加强对产地环境风险管控，直观有效地指导农业结构调整和现代农业优势产业发展、布局，均有重要的现实意义和技术支撑作用。

由于作者水平有限，书中难免有疏漏与不足之处，敬请专家和同仁批评指正。

著　者

2019年9月

目　录

第一章 绪　论

第一节 概　况

一、自然环境状况

北京市地处华北平原的西北端，西部、北部、东北部，由太行山（西山）与军都山及燕山山脉环抱，西临黄土高原，北接内蒙古高原，处于华北平原与太行山脉、燕山山脉的交接部位，东距渤海 150 km，在我国三级地势阶梯的交接处，总体地势是西北高、东南低。东南部为平原，属于华北平原的西北边缘区；西部山地，为太行山脉的东北余脉；北部、东北部为山地，为燕山山脉的西段支脉。市境东南与天津为邻，其余皆与河北接壤。地理坐标为南起北纬 39°26′，北到北纬 41°05′，西自东经 115°25′，东至东经 117°32′。北京平原的海拔高度在 20～60 m，山地一般海拔 1 000～1 500 m，与河北交界的东灵山海拔 2 303 m，为北京市最高峰。境内贯穿五大河，由西向东依次为大清河系、永定河系、北运河系、潮白河系、蓟运河系五大水系。北京全市土地面积为 1.64×10^4 km^2，山区和平原区面积占比分别为 62%和 38%。

北京在全国气候区划中属暖温带半湿润季风大陆性气候区。但境内地貌复杂，山地高峰与平原之间相对高低悬殊，从而引起明显的气候垂直地带性。大体以海拔 700～800 m 为界，此界以下到平原，为暖温带半湿润季风气候；此界以上中山区为温带半湿润-半干旱季风气候；在海拔 1 600 m 以上为寒温带半湿润-湿润季风气候。平均气温 8～12 ℃，日照时数多年平均为 2 600～2 700 h，农作物生长期 225 d 左右。1 月气温最低，平均为－4 ℃；7 月气温最高，平均为 26 ℃。海拔 500 m 以上的山区，平均气温约 8 ℃，较平原地区低 3～4 ℃，无霜期 180～200 d。

北京气候的主要特点是四季分明，为典型的暖温带半湿润大陆性季风气候。春季干旱，夏季炎热多雨，秋季天高气爽，冬季寒冷干燥；风向有明显的季节变化，冬季盛行西北风，夏季盛行东南风。北京市年降水量 400～700 mm，平均降水量 600 mm 左右，为华北地区降水最多的地区之一，山前迎风坡降水量可达 700 mm 以上。降水季节分配很不均匀，全年降水的 75%集中在夏季，7 月、8 月常有暴雨，所以形成了暖温带落叶阔叶林并间有温性针叶林的分布。海拔 800 m以下的低山带代表性的植被类型是栓皮栎林、栎林、油松林和侧柏林。

海拔 800 m 以上的中山，森林覆盖率增大，其下部以辽东栎林为主；海拔 1 000 m～2 000 m的高山，桦树增多，在森林群落破坏严重的地段，为二色胡枝子、榛属、绣线菊属占优势的灌丛；海拔 1 800 m 以上的山顶生长着山地杂类草草甸。

北京地区属暖温带半湿润地区的褐土地带，但由于受海拔、地貌、成土母质差异和地下水位高低等因素影响，形成了山地草甸土、山地棕壤、褐土、潮土、沼泽土、水稻土、风沙土等。地带性土壤以褐土为主，褐土的物质淋洗不深，通常以黏化和碳酸钙的淋洗过程为主，多呈中性至碱性，盐基多为钙饱和，利于肥力发展，适于一般作物生长和微生物繁殖，化肥、农药多数也能正常发挥作用。平原地区集中 90％耕地，但土壤养分普遍较低，全市土壤的物理性状普遍不良，主要表现为耕层浅，土壤紧实，通透性不好，水气不协调。

二、社会经济状况

北京市辖东城、西城、海淀、朝阳、丰台、门头沟、石景山、房山、通州、顺义、昌平、大兴、怀柔、平谷、延庆、密云 16 个区（合计 16 个地市级行政区划单位），150 个街道、143 个镇、33 个乡、5 个民族乡（合计 331 个乡级行政单位）。2017 年末，全市常住人口 2 170.7 万人，比 2016 年末减少 2.2 万人，下降 0.1％。从年龄构成看，0～14 岁常住人口 226.4 万人，占全市常住人口的比重为 10.4％；15～59 岁常住人口 1 586.1 万人，占 73.1％；60 岁及以上常住人口 358.2 万人，占 16.5％。从城乡构成看，城镇人口 1 876.6 万人，乡村人口 294.1 万人；城镇人口占全市常住人口的比重为 86.5％。

2017 年，全市坚持“稳中求进”工作总基调，紧紧围绕新发展理念和首都城市战略定位，深入推进供给侧结构性改革，统筹推进疏功能、稳增长、促改革、调结构、惠民生、防风险等各项工作，经济保持了稳中向好的发展态势。全市实现地区生产总值 28 000.4 亿元，按可比价格计算，比 2016 年增长 6.7％，增速略低于 2016 年 0.1 个百分点。全年新经济实现增加值 9 085.6 亿元，按现价计算，增长 9.8％，占全市经济的比重为 32.4％。

2017 年，全市继续推进农业调结构转方式，传统农业持续收缩，粮食播种面积比 2016 年下降 23.5％，生猪出栏数、牛奶产量和禽蛋产量分别下降 12.1％、18.1％和 14.4％。与此同时，农业的生态功能进一步加强，都市型现代农业发展稳定。全市林业产值比 2016 年增长 12.7％；全市观光园实现总收入 29.9 亿元，增长 6.9％；农业会展及农事节庆活动接待游客 450.5 万人次，实现收入 2.5 亿元。

三、农产品产地概况

北京市辖的农用地主要分布在海淀、朝阳、丰台、门头沟、房山、通州、顺义、昌平、大兴、怀柔、平谷、延庆、密云13个市辖区。

1. 产地土壤

北京成土因素复杂，形成了多种多样的土壤类型。全市土壤随海拔由高到低表现了明显的垂直分布规律：山地草甸土—山地棕壤（间有山地粗骨棕壤）—山地淋溶褐土（间有山地粗骨褐土）—山地普通褐土（间有山地粗骨褐土、山地碳酸盐褐土）—普通褐土、碳酸盐褐土—潮褐土—褐潮土—沙姜潮土—潮土—盐潮土—湿潮土—草甸沼泽土。本次调查的产地土壤类型有潮土、褐土、褐潮土、山地草甸土、水稻土、沼泽土、棕壤、风沙土等。成土母质对土壤的生成发育、分布及农业生产特性有直接影响。北京市产地土壤成土母质可概括为两大类，即各类岩石风化物、第四纪疏松沉积物（又称冲积物）。

2. 农产品生产

本次调查的农用地主要为耕地和园地。农用地主要种植玉米、小麦、水稻等粮食作物，大豆、饲料用玉米等经济作物，以及各类瓜果蔬菜。玉米、小麦等粮食作物在各个区都有分布；蔬菜主要分布在通州和大兴区；果品类主要分布在平谷、怀柔、房山和通州区。

北京市的设施农业以设施蔬菜种植为主，瓜果类为辅，花卉等其他特色农产品为补充。据北京市统计局统计结果，2013年北京市设施蔬菜及食用菌类种植面积占设施栽培总面积的79%。设施蔬菜生产以温室为主，其次为大棚、小中棚。

北京市农业机械化水平持续提高，据2015年统计，全市玉米机收面积占可机收面积的比例达到93.2%，全市主要农作物耕种收综合机械化水平预计达到87%以上。2015年8月，农业部印发《关于开展主要农作物全程机械化推进行动意见》，侧重粮经作物全程机械化示范区设备配套，重点打造了密云“全国玉米生产全程机械化示范区”、房山“马铃薯-胡萝卜粮菜轮作新型种植模式全程机械化示范区”、怀柔区“山区粮食作物生产全程机械化示范区”、密云“山区经济作物（谷子、红薯）生产全程机械化示范区”。通过农机购置补贴为全程机械化示范区更新和新增拖拉机、自走式玉米收获机、青贮收获机、马铃薯播种机、马铃薯收获机、谷子收获机、秸秆粉碎机等机械近40台，确保了耕整地、播种、植保、烘干、秸秆处理等环节全程机械化作业。

第二节 研究背景及意义

在人类社会的现代化进程中，工业化是极其重要的动力之一，工业化使人类社会取得了巨大的物质成就，然而这一切都是以对自然环境资源的开发和利用为基础的。尤其是进入20世纪下半叶以来，人类在开发和利用自然资源的能力空前提高的同时，由于对科学技术运用不当和控制失调，造成了一系列严重的问题，最明显的表现是对自然的过度开发、资源浪费、环境污染，破坏了生态平衡，从而引发了生态危机。

北京是全国的政治、经济、文化和科技中心，定位于“国家首都、国际城市、文化名城、宜居城市”，作为宜居城市，其生态环境显得尤为重要。而土壤是经济社会可持续发展的物质基础，关系人民群众身体健康，关系美丽中国建设，保护好土壤环境是推进生态文明建设和维护国家生态安全的重要内容。农产品产地环境质量监测与评价是一项重要的基础性和公益性工作，对于调整农业布局和结构，合理改造、利用和保护农业资源有重要的意义，也有利于制定出提高农业生态环境质量的规划和措施，有效开展农业环境综合整治。

为切实加强土壤污染防治，逐步提高土壤环境质量，2016 年 5 月 28 日国务院发布《土壤污染防治行动计划》。此行动计划要求：全面贯彻党的十八大和十八届三中、四中、五中全会精神，按照“五位一体”总体布局和“四个全面”战略布局，牢固树立创新、协调、绿色、开放、共享的新发展理念，认真落实党中央、国务院决策部署，立足我国国情和发展阶段，着眼经济社会发展全局，以改善土壤环境质量为核心，以保障农产品质量和人居环境安全为出发点，坚持预防为主、保护优先、风险管控，突出重点区域、行业和污染物，实施分类别、分用途、分阶段治理，严控新增污染、逐步减少存量，形成政府主导、企业担责、公众参与、社会监督的土壤污染防治体系，促进土壤资源永续利用，为建设“蓝天常在、青山常在、绿水常在”的美丽中国而奋斗。

工作目标：到 2020 年，全国土壤污染加重趋势得到初步遏制，土壤环境质量总体保持稳定，农用地和建设用地土壤环境安全得到基本保障，土壤环境风险得到基本管控。到 2030 年，全国土壤环境质量稳中向好，农用地和建设用地土壤环境安全得到有效保障，土壤环境风险得到全面管控。到 21 世纪中叶，土壤环境质量全面改善，生态系统实现良性循环。

主要指标：到 2020 年，受污染耕地安全利用率达到 90%左右，污染地块安全利用率达到 90%以上。到 2030 年，受污染耕地安全利用率达到 95%以上，污染地块安全利用率达到 95%以上。

《土壤污染防治行动计划》发布后不久，2018 年 8 月 31 日第十三届全国人民代表大会常务委员会第五次会议通过《中华人民共和国土壤污染防治法》，并于 2019 年 1 月 1 日起施行。本法的制定是为了保护和改善生态环境，防治土壤污染，保障公众健康，推动土壤资源永续利用，推进生态文明建设，促进经济社会可持续发展。本法所称土壤污染，是指因人为因素导致某种物质进入陆地表层土壤，引起土壤化学、物理、生物等方面特性的改变，影响土壤功能和有效利用，危害公众健康或者破坏生态环境的现象。土壤污染防治应当坚持预防为主、保护优先、分类管理、风险管控、污染担责、公众参与的原则。

因此，开展农产品产地环境质量监测与评价可满足以下几方面需要：

（1）掌握土壤环境质量状况的需要。《土壤污染防治行动计划》要求深入开展土壤环境质量调查。在现有相关调查的基础上，以农用地和重点行业企业用地为重点，开展土壤污染状况详查，2018 年底前查明农用地土壤污染的面积、分布及其对农产品质量的影响；2020 年底前掌握重点行业企业用地中的污染地块分布及其环境风险情况。制订详查总体方案和技术规定，开展技术指导、监督检查和成果审核。为了执行《土壤污染防治行动计划》，开展土壤环境质量调查是必要的。

（2）执行《中华人民共和国土壤污染防治法》的需要。《中华人民共和国土壤污染防治法》第十四条：国务院统一领导全国土壤污染状况普查。国务院生态环境主管部门会同农业农村部、自然资源部、住房和城乡建设委员会、林业和草原局等主管部门，每十年至少组织开展一次全国土壤污染状况普查。

依据《中华人民共和国土壤污染防治法》，需要对土壤进行定期监测。《中华人民共和国土壤污染防治法》第十五条：国家实行土壤环境监测制度。

国务院生态环境主管部门制定土壤环境监测规范，会同农业农村部、自然资源部、住房和城乡建设部、水利部、卫生健康委员会、林业和草原局等主管部门组织监测网络，统一规划国家土壤环境监测站（点）的设置。

（3）发展安全优质农产品的需要。农产品的质量安全事关每一个人的身体健康和家庭幸福，全面小康的前提就是全民健康，保证人民群众的饮食安全是最重要的民生工程。农业农村部提出，到 2020 年，农产品的质量安全水平和品牌农产品的占比会明显提升；到 2030 年，农产品供给会更加安全优质。为了实现这些目标，必须紧紧地围绕农业供给侧结构性改革主线，从生产和监管两端发力，大力推进质量兴农、品牌强农，提升农产品的质量安全水平。北京作为全国的政治、文化中心，食品质量安全历年来一直被列入市委市政府重点关注的“实事”之一。生产安全优质农产品成为北京农业发展的必由之路。

农产品安全是一项系统工程，影响因素多。目前农产品质量安全存在的主要问题是农药和重金属污染问题，而农产品重金属污染主要来自农业生态环境。因此，发展安全优质农产品首先必须依赖于良好的产地环境，产地环境质量的好坏将直接影响农产品的质量安全。土壤是绿色生产的根基，开展北京市农产品产地土壤环境质量监测对于发展优质农产品非常重要。

（4）规划优势农产品产区的需要。随着工业化、城镇化和农业现代化的快速推进，特色农产品、新产品、新品牌、新品种大量涌现，生产的专业化、规模化、标准化、市场化水平越来越高，特色农产品的品种品质、技术条件、空间布局、市场竞争力均发生较大变化。为充分发挥资源比较优势，加快培育区域特色产业，实现农业增效、农民增收，农业部发布了《特色农产品区域布局规划（2013—2020年）》。做大做强优势农产品和优势农业产区，对带动我国农业整体素质提高，形成科学合理的农业生产格局，推进农业现代化具有重大意义。

开展北京市农产品产地土壤环境质量监测与评价，通过充分调查优势农产品和特色农产品的产地分布情况，分析其土壤环境质量状况，挖掘已有特色产品和优势产品的农业资源状况和特色性原因，为科学合理地划分北京市优势农产品产区和制定发展规划，为地方特色产品的保护和发展提供科学依据。

（5）农业结构调整的需要。随着我国农业生产力水平的提高，农产品供求关系逐步从卖方市场向买方市场转变，农业发展的主要制约因素由过去单一的资源约束变为资源和需求双重约束，农产品结构和质量问题成为当前农业发展的突出矛盾。随着城乡居民生活由温饱向小康迈进，消费结构发生了很大变化，对优质农产品的需求明显上升，并且表现出农产品需求多样化的特点。面对这种市场需求的变化，迫切要求农业生产从满足人民的基本生活需求向适应优质化、多样化的消费需求转变，从追求数量为主向数量、质量并重转变。

随着北京郊区二三产业的快速发展，农业在北京郊区经济中的地位快速弱化，农业结构也同样发生了变化。这不仅表现在种植业和养殖业之间变化，同时种植业内部结构也在向优质、高效化方向快速发展。未来五年北京市将逐步调整粮田、菜田分布，而这种调整需要搞清北京市农产品产地环境质量现状。因此，开展北京市农产品产地土壤环境质量监测与评价，对正确评价产地环境质量现状，直观有效地指导农业结构调整和首都现代农业优势产业发展及布局将有重要的现实意义。

农产品产地土壤环境质量监测的实施将有助于全面实现都市与农村、经济与社会、人与自然的协调发展；有助于全面建设农村小康社会，统筹城乡经济社会发展，提高广大农民生活质量、健康水平和文明素质；为推动农村生态环境建设，建立北京市可持续发展的生态屏障体系提供良好的基础和技术保障。

第三节　研究目标

（1）进行农用地土壤重金属风险调查与评估。

（2）采用《土壤环境质量　农用地土壤污染风险管控标准》（GB 15618—2018）中的风险管制值和风险筛选值的比值法对北京市农用地土壤重金属风险进行综合评估，采用地质累积指数（index of geoaccumulation）法对北京市土壤重金属的累积特性进行评估。

（3）依据农产品产地环境条件系列标准，对发展无公害农产品、绿色食品和有机食品的适宜性进行评价。

（4）提出风险管控的措施与方法，为土壤重金属污染提供参考的解决方案。

第四节　研究内容

一、基本情况调查

基本情况调查是农用地土壤环境质量监测与评价的基础。其主要目的是了解农产品生产情况和农业生产土地分布状况，以及对农产品产地环境质量影响较大的工业污染源开展调查，并以此为基础完成环境单元的划分及监测点位的布设。调查内容主要包括区域自然环境特征（水文特征、地形地貌、植被等）、土壤类型、质地、水土流失、土地资源利用现状；种植业生产基本情况、地域分布状况、规模、潜在优势农产品和特色农产品及有关种植业的发展规划等。

二、土壤环境质量监测

土壤是农产品生长的基础，土壤生态环境的状况直接影响农业生产。在调查污染源的基础上，采用环境单元和行政单元相结合的布点方式，综合考虑地理地形、土壤质地等环境因素，以行政村为单位设立监测点位，共布设监测点位1.2万个，监测项目指标主要为重金属和pH，部分测定阳离子交换量(CEC)、土壤有机质。

三、土壤环境质量评价

在调查和监测工作的基础上，采用单项污染指数法对农用地土壤环境质量进行评价，采用地质累积指数法对土壤重金属的累积特性进行评价，依据农业行业无公害农产品产地环境条件系列标准、《绿色食品　产地环境技术条件》（NY/T 391—2013）和《有机产品　第1部分：生产》（GB/T 19630.1—2013），对发展无公害农产品、绿色食品和有机产品的农产品产地土壤环境进行适宜性评价分析。

第五节　技术路线

资料收集与整理—资料调查—确认监测范围—规划布点采样方案—制订实施方案—方案论证—布点踏勘—样品采集—样品分析—数据审核—建立数据资

料库—数据分析处理—图表绘制—报告编写。

土壤环境质量监测与评价技术路线见图1-1。

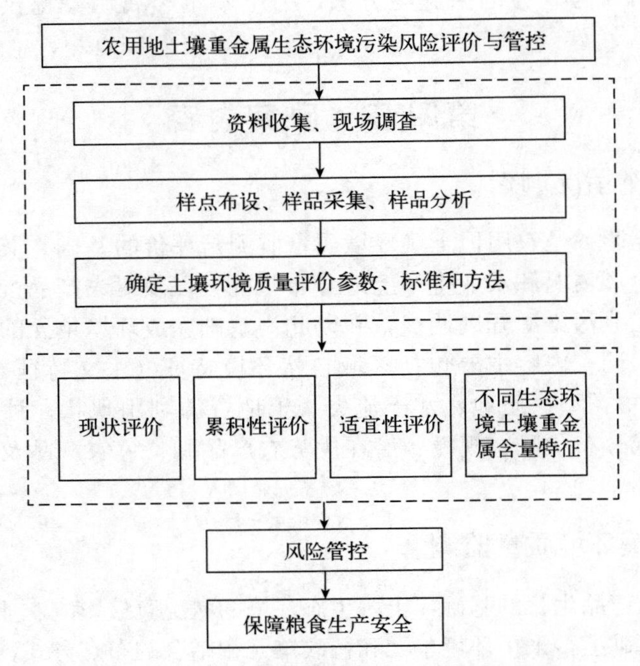

图1-1 土壤环境质量监测与评价技术路线

第二章 风险调查与评估方法

第一节 风险调查

土壤是人类赖以生存和发展的物质基础，也是人类生存环境的重要组成部分。土壤质量的优劣直接影响人类的生活、健康和社会发展。但是由于近些年不合理地施用农药、污水灌溉、污泥农用等使各类污染物质通过多种渠道进入土壤。当污染物进入土壤的数量超过土壤自净能力时，将导致土壤质量下降，甚至恶化，影响土壤的生产力。因此，防止土壤污染及时进行土壤污染监测，也是环境监测中不可缺少的重要内容。土壤重金属污染监测前，需要对监测区域的环境状况进行调查，确定污染的可能来源。

土壤重金属污染的类型按照污染物进入土壤的途径可分为水质污染型、大气污染型、农业污染型。

（1）水质污染型。水质污染型是指用工业废水、城市污水和受污染的地表水进行农田灌溉，使污染物质随水进入到农田土壤而造成污染。其特点是污染物集中于土壤表层，但随着污水灌溉时间的延长，某些可溶性污染物可由表层渐次向下渗透。

（2）大气污染型。大气污染型是指空气中各种颗粒沉降物（如镉、铅、砷等）和气体，自身降落或随雨水沉降到土壤而引起的污染。

（3）农业污染型。农业污染型是指农田中大量施用化肥、农药、有机肥等造成的污染。

一、调查方法

采用现场调查和资料文献查阅收集两种方法开展种植业产地环境风险调查。环境背景资料是环境评估的重要基础资料。土壤背景值的含义是未受到人类活动污染的条件下，在自然界的存在和发展过程中土壤原有的基本化学组成，它代表一定环境单元中一个统计量的特征值。一般判断土壤元素的累积程度，是将土壤中有关元素的测定值与土壤背景值相比较。当今，由于人类活动的长期累积和现代工业、农业的高速发展，自然环境的化学成分和含量水平发生了明显的变化，要想寻找一个绝对未受人类活动影响的土壤环境已十分困难。因此，土壤环境背景值实际上是一个相对概念。通过调查确定土壤重金属的污染类型，是水质污染型、大气污染型、农业污染型，还是复合污染型。广泛收集相关资料，包括自然环境方面的资料和社会环境方面的资料，有利于科学、优化布设监测点和后续监测工作。

自然环境方面的资料包括土壤类型、土壤环境背景值、成土母质、地形地貌等土壤信息资料，温度、降水量和蒸发量等气象资料，地表水和地下水、地质条件、水土流失等水文资料，以及相应的图件（如交通图、土壤图、地质图、大比例尺地形图等资料，供制作采样图和标注采样点位用），遥感与土壤利用及其演变过程等方面的资料。

社会环境方面的资料包括工农业生产布局、人口分布及相应图件（如行政区划图等）。

污染资料调查包括工业污染源种类与分布，污染物种类及排放途径和排放量，农药和化肥使用情况，污水灌溉及污泥使用情况，工程建设或生产过程对土壤造成影响的环境研究资料，造成土壤污染事故的主要污染物的毒性、稳定性以及如何消除等资料，地方病等。

资料收集后，需要现场踏勘，将调查得到的信息进行整理和利用，丰富采样工作图的内容。

二、调查内容

调查的内容一般包括：①产地周边的工业、交通、居民村落等的布局，污染源排放、污染类型，污染物的种类、排放方式和排放量，以及污染物进入产地的路径。②空气污染污染源与产地边界的距离有多大，是否有交通主干线通过产地，车流量有多少。污染源与常年主导风向、风速的关系，即污染源是否在产地的上风向，估计空气中污染物的影响范围。③产地农田灌溉用水情况，污染源的污水是否进入产区的地面水，或是否影响产区的地下水，产地是否有污水灌溉或污水灌溉历史等。筛查确定种植业环境风险因子。

除了产地的外源污染情况需要调查外，产地的内源污染情况同样需要调查，包括：①肥料的种类和配方施肥情况，化肥的品种，有机肥的品种，施肥水平，施用方法、施用时期等调查，是否使用污泥肥、垃圾肥、矿渣肥、稀土肥等情况。②病虫害的主要防治手段，是否使用化学合成农药，化学农药的品种、数量，农药的安全使用情况，病虫草害发生、变化历史调查，是否出现过重大病虫害，如何控制，可能使用的含有重金属的农药等。③作物的栽培和种植情况，作物的种植类型、模式、面积等。

第二节　土壤环境监测

一、监测范围确定

根据北京市农产品产地的实际情况和以往工作基础，在全部农产品范围内，按照三类重点区域和一般农区布点采样要求，在北京市共采集1.2万个土壤样品，总面积18.89万hm^2。北京市农用耕地面积约为2 364 km^2，本次调查点位代表的总面积约为1 200 km^2，占耕地面积的50.8%，包括房山、大兴、通州、顺义、平谷、密云、怀柔、延庆、昌平、门头沟、丰台、海淀、朝阳这13个区的不同农产品产地土壤。工矿企业周边农区、污水灌溉区为重点调查区域，其他农产品产地为一般农区调查区域。

二、监测项目

本次调查检测镉、汞、砷、铅、铬、铜、锌、镍8种重金属总量，同时测定土壤pH，部分测定阳离子交换量、土壤有机质。

三、区域确认方法

不同类别区域确认方法如下：

（1）工矿企业周边农区是指历史上较长时间或根据现实状况，因为某些企业由于污染治理不当，致使企业“三废”（废渣、废水、废气）等直接或间接进入农产品产区，并造成或可能造成产区土壤和农产品中重金属含量在近30年内有超标情况且面积超过33.33 hm^2 的区域。

（2）污水灌溉区是指历史上较长时间或根据现实状况，因为引入工业污水、城市下水道污水，或引用因污染致使鱼虾基本绝迹等超过《农田灌溉水质标准》的水体灌溉，造成或可能造成耕地土壤或农产品中重金属含量在近30年内有超标情况且面积超过33.33 hm^2 的区域。

（3）大中城市郊区是指按照行政区划所确定的省会和地级市郊区，因为使用城市污染混合污水、垃圾、污泥、农用化学物质等，造成或可能造成耕地土壤或农产品中重金属含量在近30年内有超标情况且面积超过33.33 hm^2 的区域。

上述三类重点区之外的农产品产地，皆认定为一般农区。基准年（资料）为2010年，依据不同区域的确认方法，针对北京市农田污染特点，综合考虑北京市工业生产布局，结合农业生产实际，确定平谷区的刘家店镇和金海湖镇，怀柔区的怀北镇，昌平区的马池口镇，房山区的河北镇、青龙湖镇、城关镇、周口店镇、窦店镇、琉璃河镇部分地区为工矿企业周边农区；确定通州区的马驹桥镇、张家湾镇和台湖镇，大兴的长子营镇、采育镇和青云店镇为污水灌溉区；13个区的郊区周边为大中城市郊区。

四、监测布点

1. 布点程序

确认北京市三类重点区域及一般农区中粮食产地、蔬菜产地、水果产地及其他经济作物产地的面积和范围—确定各个类别区域的布点密度—计算布点数量—相对均匀地设置采样点位置—踏勘确定采样地块—样品采集。

2. 布点依据与原则

按照《农田土壤环境质量监测技术规范》（NY/T 395—2000），确定监测单元，原则上每 10 hm^2 布设一个监测点位。根据实际情况，各乡镇布点密度按照蔬菜产地、粮食产地、水果产地及其他农产品产地的次序依次递减。

3. 布点方案

根据三类重点区和一般农区区域类别确认结果，按照布点原则与依据，制订土壤采样布点方案，提出采样点位分布图和采样数量要求，明确采样任务分工。各区的采样点位数分布情况如图 2-1 所示。

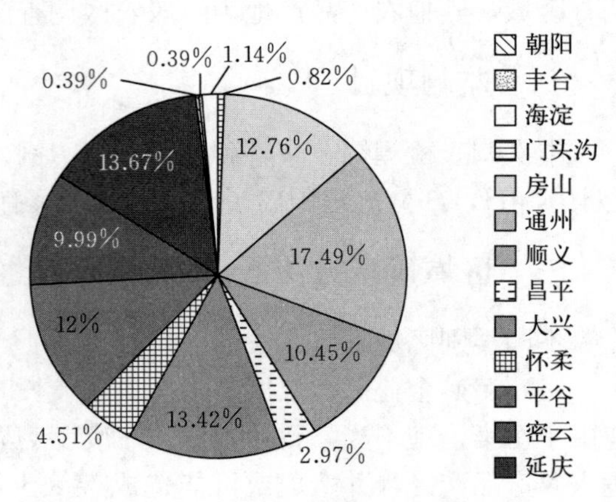

图 2-1　各区采样点位数分布情况

五、采样原则与方法

1. 采样原则

采集土壤样品根据分析项目的不同而采取相应的采样与处理方法，使采集的土样具有代表性和可比性，原则上应使所采土样能对所研究的问题在分析数据中得到应有的反映。采样时，按照等量、随机和多点混合的原则沿着一定的线路进行。等量，即要求每一点采取土样深度要一致，采样量要一致；随机，即每一个采样点都是任意选取的，尽量排除人为因素，使采样单元内的所有点都有同等机会被采到；多点混合，是指把一个采样单元内各点所采的土样均匀混合构成一个混合样品，以提高样品的代表性。

2. 采样方法

踏勘前统一采样工具、器材、设备、资料等，由熟悉乡镇情况的农技人员当向导，依据采样方案点位设置要求，制订采样区域的点位设计方案，采用全球定位系统（GPS）定位并提取现场影像资料，采集耕层土壤样品。样品采集后，按照技术规范进行样品制备，并送往省级以上计量资格认证合格的检测单位进行检测。

六、样本制备与保存

现场采集的土壤样品经核对无误后，进行分类装箱，运往实验室加工处理。在运输中严防样品的损失、混淆和污染，并派专人运送，按时送至实验室。从野外取回的土样，都需经过一个制备过程：风干、磨细、过筛、混匀、装瓶，以备各项测定之用。

样品制备的目的：①剔除土壤以外的侵入体（如植物残茬、石粒、砖块等）和新生体（如铁锰结核和石灰结核等），以除去非土样的组成部分；②适当磨细，充分混匀，使分析时所称取的少量样品具有较高的代表性，以减少称样误差；③使样品可以长期保存，不致因微生物活动而霉坏。

1. 样品风干

除测定游离挥发酚、铵态氮、硝态氮、低价铁、农药等不稳定项目需要新鲜土样外，多数项目需用风干土样。因为风干土样较易混合均匀，重复性、准确性都比较好。

从野外采集的土壤样品运到实验室后，为避免受微生物的作用引起发霉变质，应立即将全部样品倒在白色搪瓷盘或木盘内进行风干。当达半干状态时把土块压碎，拣去动植物残体（如虫体、根、茎、叶等）和石块、结核（石灰、铁、锰）等杂物后铺成薄层，经常翻动，在阴凉处使其慢慢风干，切忌在阳光下暴晒或用烘箱烘干。即使因急需而使用烘箱时，也只限于低温鼓风干燥。如果石子过多，应当将拣出的石子称重，记下所占的百分数。风干场所力求干燥通风，并要防止酸蒸气、氨蒸气等易挥发化学物质和灰尘的污染。

2. 磨碎与过筛

在磨样室将风干的样品倒在有机玻璃板上，用木槌敲打，用木滚、木棒、有机玻璃棒再次压碎，拣出杂质，混匀，并用四分法取压碎样，过孔径 2 mm 的尼龙筛。过筛后的样品全部置于无色聚乙烯薄膜上，并充分搅拌混匀，再采用四分法取两份，一份交样品库存放，另一份作样品的细磨用。粗磨样可直接用于土壤 pH、阳离子交换量、元素有效态含量等项目的分析。

用于细磨的样品再用四分法分成两份，一份研磨到全部过孔径 0.25 mm（60 目*）筛，用于农药或土壤有机质、土壤全氮量等项目分析；另一份研磨到全部过孔径 0.15 mm（100 目）筛，用于土壤元素全量分析。常规监测制样过程见图 2-2（李花粉，2010）。

在磨细与过筛过程中，通过任何筛孔的样品必须代表整个样品的成分，并且任何样品不得因制备过程而导致污染。如果样品须制备粗、细两种规格，不可把能通过细孔筛者作为细粒样，不能通过细孔筛者作为粗粒样。必须按照预定计划，分别取出预计数量的样品，无损地通过预定的筛孔。凡一次研磨不能通过者，必须多次研磨，不允许遗留任何土粒通不过既定筛孔。为了保证样品

* 目为非法定计量单位，目是指每平方英寸的筛网的孔数，其中 1 英寸＝2.54 cm。

不受污染，必须注意制样的工具、容器与存储方法等。磨制样品的工具应取未上过漆的木盘、木棒或木杵。对于坚硬的、必须通过很细筛孔的土粒，应用玛瑙乳钵和玛瑙研钵。

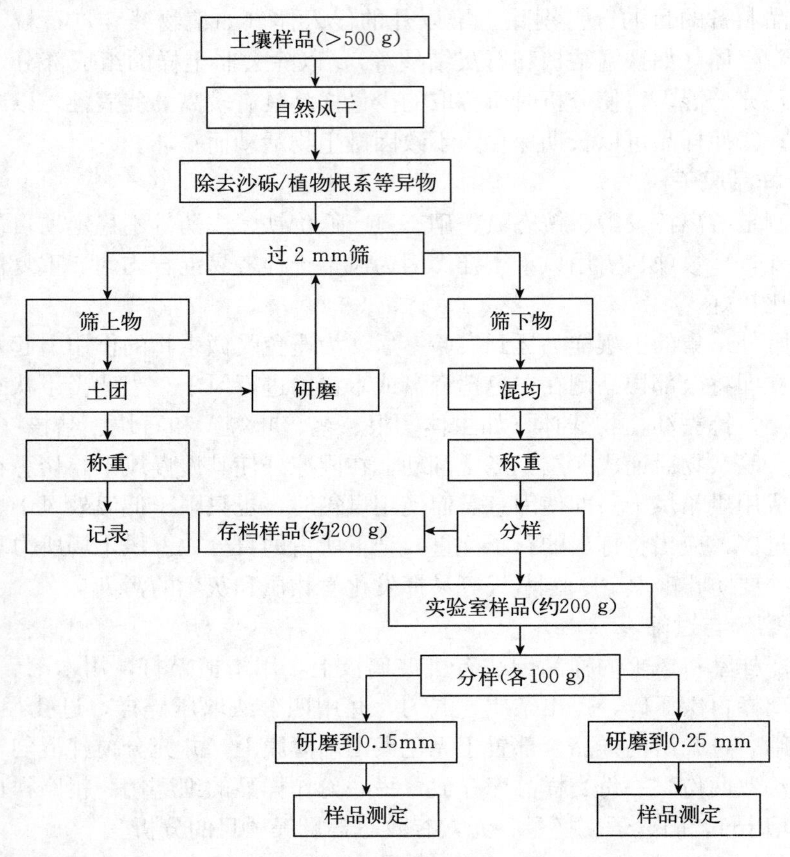

图 2-2　常规监测制样过程

3. 土样保存

一般样品用带有磨口塞的广口瓶保存半年至一年，以备必要时核查之用。样品瓶上的标签须注明样号、采样地点、土类名称、试验区号、深度、采样日期、筛孔等项目，并且瓶内和瓶外都须附上标签。

环境监测中用以进行质量控制的标准土样或对照土样需长期妥善保存。储存样品应尽量避免日光、潮湿、高温和酸碱气体等的影响。

玻璃材质容器是常用的优质贮器，聚乙烯塑料容器也属于美国环保局推荐容器之一，该类贮器性能良好，价格便宜，且不易破损。

将风干土样、沉积物或标准土样等贮存于洁净的玻璃或聚乙烯容器内，在常温、阴凉、干燥、避阳光、密封（石蜡涂封）条件下保存。

七、检测方法

土壤样品检测分析方法详见表 2-1。

表 2-1　土壤样品检测分析方法

项目	标准名称	标准编号
铅、镉	土壤质量　铅、镉的测定　石墨炉原子吸收分光光度法	GB/T 17141—1997
铬	土壤总铬的测定　火焰原子吸收分光光度法	HJ 491—2009
砷、汞	土壤质量　总汞、总砷、总铅的测定　原子荧光法	GB/T 22105—2008
铜、锌	土壤质量　铜、锌的测定　火焰原子吸收分光光度法	GB/T 17138—1997
镍	土壤质量　镍的测定　火焰原子吸收分光光度法	GB/T 17139—1997
pH	土壤 pH 的测定　电位法	NY/T 1377—2007
阳离子代换量（CEC）	中性土壤阳离子交换量和交换性盐基的测定	NY/T 295—1995
	石灰性土壤阳离子交换量的测定	NY/T 1121.5—2006
有机质	土壤有机质的测定	NY/T 1121.6—2006

第三节　土壤环境质量评估

一、数据统计

本次监测结果包括镉（Cd）、铅（Pb）、铬（Cr）、砷（As）、汞（Hg）、铜（Cu）、锌（Zn）、镍（Ni）8 种重金属；监测点包括北京市房山、顺义、通州、昌平、平谷、密云、延庆、海淀、怀柔、朝阳、丰台、门头沟、大兴 13 个区；所属区域分为一般农区和三类重点区（工矿企业及周边农区、大中城市郊区和污水灌溉区）；农产品产地包括粮食作物用地、经济作物用地、蔬菜用地、果品用地和其他。

算术平均值是统计学中最基本、最常用的一种平均指标，计算公式如下：

$$\overline{X}=\frac{X_1+X_2+X_3+\cdots+X_n}{n}$$

几何平均数则多用于计算比率、指数或者动态平均数，特别是样本数据符合对数正态分布的数据集，是指 n 个观察值连乘积的 n 次方根。其计算公式：

$$\overline{X}_g=\sqrt[n]{X_1\times X_2\times X_3\times\cdots\times X_n}$$

方差和标准差（又称为标准偏差）是测算离散程度最重要、最常用的指标。方差是衡量源数据和期望值相差的度量值，即各变量值与其均值离差平方的平均数。标准差为方差的算术平方根。计算公式如下：

$$\text{方差}\quad S^2=\frac{\sum_{i=1}^{n}(X_i-\overline{X})^2}{n}$$

$$标准差\quad S=\sqrt{S^2}$$

$$相对标准偏差\quad RSD=\frac{S}{\bar{X}}\times 100\%$$

分位值是最为常见的数据分布描述方式。分位值的定义是将随机变量分布曲线与 X 轴包围的面积做 n 等分，得 $n-1$ 个值，这些值称为 n 分位值。本次数据分析用 5 分位值、10 分位值、25 分位值、50 分位值（即中位值）、75 分位值、90 分位值、95 分位值。

二、评价依据

1. 综合性评价依据——《土壤环境质量　农用地土壤污染风险管控标准》（GB 15618—2018）

《土壤环境质量　农用地土壤污染风险管控标准》（GB 15618—2018）规定了农用地土壤污染风险筛选值（表 2-2）和农用地土壤污染风险管制值（表 2-3）。

表 2-2　农用地土壤污染风险筛选值（基本项目）（mg/kg）

污染物项目		风险筛选值			
		pH≤5.5	5.5<pH≤6.5	6.5<pH≤7.5	pH>7.5
镉		0.3	0.3	0.3	0.6
汞		1.3	1.8	2.4	3.4
砷		40	40	30	25
铅		70	90	120	170
铬		150	150	200	250
铜	果园	150	150	200	200
	其他	50	50	100	100
镍		60	70	100	190
锌		200	200	250	300

表 2-3　农用地土壤污染风险管制值（mg/kg）

污染物项目	风险管制值			
	pH≤5.5	5.5<pH≤6.5	6.5<pH≤7.5	pH>7.5
镉	1.5	2.0	3.0	4.0
汞	2.0	2.5	4.0	6.0
砷	200	150	120	100
铅	400	500	700	1 000
铬	800	850	1 000	1 300

关于农用地土壤污染风险筛选值和风险管制值的使用如下：

（1）农用地土壤污染物含量等于或低于表 2－2 规定的风险筛选值时，农用地土壤污染风险低，一般情况下可以忽略；高于规定的风险筛选值时，可能存在农用地土壤污染风险，应加强土壤环境监测和农产品协同监测。

（2）当土壤中镉、汞、砷、铅、铬的含量高于表 2－2 规定的风险筛选值，等于或低于表 2－3 规定的风险管制值时，可能存在食用农产品不符合质量安全标准等土壤污染风险，原则上应当采取农艺调控、替代种植等安全利用措施。

（3）当土壤中镉、汞、砷、铅、铬的含量高于表 2－3 规定的风险管制值时，食用农产品不符合质量安全标准等农用地土壤污染风险高，且难以通过安全利用措施降低食用农产品不符合质量安全标准等农用地土壤污染风险，原则上应当采取禁止种植食用农产品、退耕还林等严格管控措施。

（4）土壤环境质量类别划分应以 GB 15618 为基础，结合食用农产品协同监测结果，依据相关技术规定进行划分。

2. 累积性评价依据——北京市土壤重金属元素背景值

农产品的质量安全与产地土壤状况有着密切联系，土壤重金属的累积、迁移不仅影响植物生长发育与食品安全，而且可以通过食物链直接危害人类的健康。因此，合理选取土壤背景值开展重金属累积情况评价分析，可以为合理指导农业安全生产、保护农业生态环境提供科学依据。本书中土壤重金属累积性评价依据的土壤背景值来源于《中国土壤元素背景值》（国家环境保护局，1990），北京市农业土壤重金属元素含量背景值见表 2－4。

表 2－4　北京市农业土壤重金属元素含量背景值（mg/kg）

元素	样点数	顺序统计量									算术		几何	
		最小值	5%值	10%值	25%值	中位值	75%值	90%值	95%值	最大值	平均值	标准差	平均值	标准差
砷	40	4.0	4.4	5.2	8.0	10.4	11.4	12.4	13.6	14.1	9.7	2.54	9.4	1.36
镉	40	0.005	0.005	0.012	0.036	0.073	0.094	0.126	0.138	0.339	0.074	0.058 4	0.053 4	2.541 3
铬	40 (1)	50.6	52.9	53.3	59.3	64.1	71.6	91.9	117.0	163.0	68.1	15.94	66.7	1.22
铜	40 (2)	15.0	17.5	18.0	20.7	23.7	26.1	32.4	37.3	101.0	23.6	4.68	23.1	1.21
汞	40 (1)	0.020	0.029	0.032	0.038	0.050	0.080	0.130	0.195	1.480	0.069	0.051 1	0.057 6	1.747 1
镍	40	17.0	19.5	22.0	23.0	27.4	31.7	40.0	42.6	48.9	29.0	7.45	28.2	1.27
铅	40 (1)	10.0	12.9	18.0	21.0	24.1	28.6	31.9	36.0	46.0	25.4	6.29	24.7	1.27
硒	40	0.105	0.108	0.162	0.183	0.238	0.294	0.371	0.390	0.540	0.247	0.091 3	0.231 7	1.444 2
锌	40	48.2	56.2	64.7	74.1	97.5	129.0	141.0	143.0	226.0	102.6	35.37	97.2	1.39

3. 适宜性评价依据

（1）《有机产品　第1部分：生产》（GB/T 19630.1—2019）。该标准指出对农产品用地的土壤环境质量进行评价时需依据《土壤环境质量　农用地土壤污染风险管控标准》（GB 15618—2018）中的风险筛选值（表2-2），对有机产品产地的土壤环境质量中各项指标监测数据进行评价。用有机农产品产地土壤污染指数分级标准将不同类别农产品产地划分为适宜种植和不适宜种植有机农产品的两类区域。

（2）《绿色食品　产地环境质量》（NY/T 391—2013）。依据该标准，按土壤耕作方式的不同将产地分为旱田和水田两大类，每类又根据土壤pH的高低分为三种情况，即pH<6.5，6.5≤pH≤7.5，pH>7.5，各项指标应符合表2-5要求。采用污染指数法对绿色食品产地的土壤环境质量中各项指标监测数据进行评价。用土壤污染指数分级标准将不同类别农产品产地划分为适宜、尚适宜和不适宜种植绿色农产品3类区域。

表2-5　土壤质量要求（NY/T 391—2013）

项目	旱田			水田		
	pH<6.5	6.5≤pH≤7.5	pH>7.5	pH<6.5	6.5≤pH≤7.5	pH>7.5
总镉（mg/kg）	≤0.30	≤0.30	≤0.40	≤0.30	≤0.30	≤0.40
总汞（mg/kg）	≤0.25	≤0.30	≤0.35	≤0.30	≤0.40	≤0.40
总砷（mg/kg）	≤25	≤20	≤20	≤20	≤20	≤15
总铅（mg/kg）	≤50	≤50	≤50	≤50	≤50	≤50
总铬（mg/kg）	≤120	≤120	≤120	≤120	≤120	≤120
总铜（mg/kg）	≤50	≤60	≤60	≤50	≤60	≤60

注：1. 果园土壤中铜限量值为旱田中铜限量值的2倍。
2. 水旱轮作的标准值取严不取宽。

（3）《无公害农产品　种植业产地环境条件》（NY/T 5010—2016）。依据该标准，无公害农产品农田土壤质量应符合表2-6要求，采用风险指数法对

表2-6　无公害农产品农田土壤质量要求（mg/kg）（参照GB 15618—2018）

评价指标		指标							
		pH≤5.5		5.5<pH≤6.5		6.5<pH≤7.5		pH>7.5	
		风险筛选值	风险管制值	风险筛选值	风险管制值	风险筛选值	风险管制值	风险筛选值	风险管制值
严格控制指标	镉	0.3	1.5	0.3	2.0	0.3	3.0	0.6	4.0
	汞	1.3	2.0	1.8	2.5	2.4	4.0	3.4	6.0
	砷	40	200	40	150	30	120	25	100
	铅	70	400	90	500	120	700	170	1 000
	铬	150	800	150	850	200	1 000	250	1 300

（续）

评价指标		指标							
		pH≤5.5		5.5<pH≤6.5		6.5<pH≤7.5		pH>7.5	
		风险筛选值	风险管制值	风险筛选值	风险管制值	风险筛选值	风险管制值	风险筛选值	风险管制值
一般控制指标 铜	果园	150		150		200		200	
	其他	50		50		100		100	
镍		60		70		100		190	
锌		200		200		250		300	

农产品用地的土壤环境质量进行评价。采用无公害农产品产地土壤风险指数分级标准将不同类别农产品产地划分为适宜和不适宜种植无公害农产品两类区域。

三、评价方法

1. 综合性评价方法

土壤环境质量的评价采用风险指数法，风险指数的计算公式为：

$$I_i=\frac{C_i}{S_i}$$

式中：I_i——污染物 i 的风险指数；

C_i——污染物 i 的实测值；

S_i——污染物 i 的风险筛选值。

风险阈值的计算公式为：

$$Q_i=\frac{R_i}{S_i}$$

式中：Q_i——污染物 i 的风险阈值（表 2-7）；

R_i——污染物 i 的风险管制值；

S_i——污染物 i 的风险筛选值。

$I_i \leqslant 1$ 时，污染物 i 含量低于风险筛选值，土壤污染风险低，一般情况下可以忽略。

$1<I_i \leqslant Q_i$ 时，污染物 i 含量高于风险筛选值，低于风险管制值，可能存在土壤污染风险，原则上应当加强管控。

$I_i>Q_i$ 时，污染物 i 含量高于风险管制值，农用地土壤污染风险高，不应再种植食用农产品。

表 2-7　土壤污染风险阈值

评价指标		风险阈值（Q_i）			
		pH≤5.5	5.5<pH≤6.5	6.5<pH≤7.5	pH>7.5
镉	水田	5.0	5.0	5.0	5.0
	其他	5.0	6.6	10.0	6.6
汞	水田	4.0	5.0	6.6	6.0
	其他	1.5	1.3	1.6	1.7
砷	水田	6.6	5.0	4.8	5.0
	其他	5.0	3.7	4.0	4.0
铅	水田	5.0	5.0	5.0	4.1
	其他	5.7	5.5	5.8	5.8
铬	水田	3.2	3.4	3.3	3.7
	其他	5.3	5.6	5.0	5.2
铜	果园	1.0	1.0	1.0	1.0
	其他	1.0	1.0	1.0	1.0
镍		1.0	1.0	1.0	1.0
锌		1.0	1.0	1.0	1.0

注：1. 表中数据采用去尾法保留一位小数，以严格执行标准。

2.《土壤环境质量　农用地土壤污染风险管控标准》(GB 15618—2018) 中未规定铜、镍、锌、六六六、滴滴涕、苯并[a]芘的风险管制值，风险阈值取1.0。

2. 累积性评价

（1）基于土壤背景值的地质累积指数评价。地质累积指数又被称为Muller指数，是20世纪60年代晚期德国科学家Muller提出并在欧洲发展起来用于研究沉积物及其他物质中重金属污染程度的定量指标，既考虑了自然地质过程中的背景值，也充分注意了人为活动对重金属污染的影响。因此，该指数不仅反映了重金属分布的自然特征，而且可以判别人为活动是否造成重金属在某一地区累积，是区分人为活动影响的重要参数。其计算公式如下：

$$I_{geo}=\log_2\left(\frac{C_i}{1.5B_i}\right)$$

式中：I_{geo}——某样点某个污染物的地质累积指数；

C_i——该样点该污染物的实测浓度；

B_i——该地区该污染物的背景值含量。

Forstner等（1990）将地质累积指数分为7个级别，$I_{geo}<0$，污染级别为

0 级，表示无污染；$0 \leqslant I_{geo} < 1$，污染级别为 1 级，表示无污染到中度污染；$1 \leqslant I_{geo} < 2$，污染级别为 2 级，表示中度污染；$2 \leqslant I_{geo} < 3$，污染级别为 3 级，表示中度污染到强污染；$3 \leqslant I_{geo} < 4$，污染级别为 4 级，表示强污染；$4 \leqslant I_{geo} < 5$，污染级别为 5 级，表示强污染到极强度污染；$I_{geo} \geqslant 5$，污染级别为 6 级，表示极强污染。此处采用这种分级方式。

北京市农业土壤重金属元素含量背景值见表 2-4。

（2）基于土壤背景值的年累积速率。累积速率指的是单位时间内各污染物的累积情况。其计算公式为：

$$v_i = \frac{m_i - m_{ib}}{t}$$

式中：v_i——污染物 i 的累积速率；

m_i——t 年后，污染物 i 的检测值；

m_{ib}——污染物 i 的背景值；

t——时间间隔年数。

$v_i > 0$，污染物 i 正累积；$v_i = 0$，污染物 i 不累积；$v_i < 0$，污染物 i 负累积。

3. 适宜性评价方法——农产品评价方法与程序

（1）有机产品产地的土壤环境质量评价。采用单项风险指数法。

各项指标均采用单项风险指数法，单项风险指数计算公式为：

$$I_i = \frac{C_i}{S_i}$$

式中：I_i——各项指标中某种污染物 i 的单项风险指数；

C_i——各项指标中某种污染物 i 的实测值；

S_i——各项指标中某种污染物 i 的风险筛选值。

$I_i > 1$，该指标超过筛选值，判定为不适宜；$I_i \leqslant 1$，该指标未超过筛选值，则对其他指标进行评价。若各项指标的单项风险指数均小于 1，则判定为适宜，否则判定为不适宜。

（2）绿色食品产地的土壤环境质量评价。采用单项污染指数和综合污染指数相结合的方法，分步进行。

① 单项污染指数评价。单项污染指数用来表征某一特定污染物的污染情况，其计算公式为：

$$P_i = \frac{C_i}{S_i}$$

式中：P_i——污染物 i 的污染指数；

C_i——环境中污染物 i 的实测值；

S_i——评价标准中污染物 i 的限定值。

$P_i>1$，视为该产地环境质量不符合要求，不适宜发展绿色食品；$P_i\leqslant1$，继续进行综合污染指数评价。

② 综合污染指数评价。综合污染指数可作为长期绿色食品生产环境变化趋势的评价指标，其计算公式为：

$$P=\sqrt{\frac{\left(\frac{C_i}{S_i}\right)_{\max}^2+\left(\frac{C_i}{S_i}\right)_{\text{avr}}^2}{2}}$$

式中：P——综合污染指数；

$\left(\frac{C_i}{S_i}\right)_{\max}$——污染物中污染指数的最大值；

$\left(\frac{C_i}{S_i}\right)_{\text{avr}}$——污染物中污染指数的平均值。

污染指数分级标准见表 2-8。

表 2-8　污染指数分级标准

单项污染指数（P_i）	综合污染指数（P）	适宜性
$P_i>1$	—	不适宜
$P_i\leqslant1$	$0.7<P\leqslant1$	尚适宜
$P_i\leqslant1$	$P\leqslant0.7$	适宜

（3）无公害农产品产地的土壤环境质量评价。采用单项风险指数和综合风险指数相结合的方法，分步进行。

① 严格控制指标评价。严格控制指标的评价采用单项风险指数法，单项风险指数的计算公式为：

$$I_i=\frac{C_i}{S_i}$$

式中：I_i——严格控制指标中污染物 i 的单项风险指数；

C_i——严格控制指标中污染物 i 的实测值；

S_i——严格控制指标中污染物 i 的风险筛选值。

$I_i>1$，严格控制指标有超标，判定为不合格，不再进行一般控制指标评价；$I_i\leqslant1$，严格控制指标未超标，继续进行一般控制指标评价。

② 一般控制指标评价采用单项风险指数法，单项风险指数的计算公式为：

$$I'_i=\frac{C'_i}{S'_i}$$

式中：I'_i——一般控制指标中污染物 i 的单项风险指数；

C'_i——一般控制指标中污染物 i 的实测值；

S'_i——一般控制指标中污染物 i 的风险筛选值。

$I'_i \leqslant 1$，一般控制指标未超标，判定为合格，不再进行综合风险指数法评价；$I'_i > 1$，一般控制指标有超标，需进行综合风险指数法评价。

③ 综合风险指数法评价。在没有严格控制指标超标，而只有一般控制指标超标的情况下，采用单项风险指数的平均值及其最大值相结合的综合风险指数法，综合风险指数计算公式为：

$$I=\sqrt{\frac{\left(\frac{C_i}{S_i}\right)_{\max}^2+\left(\frac{C_i}{S_i}\right)_{\text{avr}}^2}{2}}$$

式中：I——综合风险指数；

$\left(\frac{C_i}{S_i}\right)_{\max}$——单项风险指数最大值；

$\left(\frac{C_i}{S_i}\right)_{\text{avr}}$——单项风险指数平均值。

$I \leqslant 1$，判定为合格；$I > 1$，判定为不合格。

无公害农产品产地土壤风险指数分级标准见表 2-9。

表 2-9　无公害农产品产地土壤风险指数分级标准

严格控制指标单项风险指数（I_i）	一般控制指标单项风险指数（I'_i）	综合风险指数（I）	适宜性
$I_i > 1$	—	—	不适宜
$I_i \leqslant 1$	$I'_i \leqslant 1$	—	适宜
$I_i \leqslant 1$	$I'_i > 1$	$I \leqslant 1$	适宜
$I_i \leqslant 1$	$I'_i > 1$	$I > 1$	不适宜

第三章 质量保证与质量控制

第一节 概 述

环境监测质量保证是获取可靠、准确数据所必需的，是环境监测工作的全面质量管理。它包含了保证监测数据正确可靠的全部活动和措施，如监测布点、采样、运输保存、样品管理、样品测试和数据处理等，其作用在于将监测数据的误差控制在限定的允许范围内，以确保监测结果的准确性、精密性、代表性、可比性和完整性。环境监测质量控制，是指为达到监测计划所规定的监测质量而对监测过程采用的控制方法，是在环境监测的各技术环节中的质量控制。环境监测质量保证与质量控制都是质量保证的重要组成部分，涉及环境监测的全部过程。

环境监测质量保证的主要内容包括设计一个良好的监测计划，根据监测目的需要和可能、经济成本和效益，确定对监测数据的质量要求，规定相应的分析测量系统和质量控制程序。为保证取得可比性、完整性、代表性、精密性与准确性符合要求的监测结果，还应组织人员培训，编制分析方法和各种规章制度等。

第二节 质量保证与质量控制方法

所涉及的监测布点、采样、样品流转、制备及样品保存和分析严格按照《农田土壤环境质量监测技术规范》（NY/T 395—2000）、《农用水源环境质量监测技术规范》（NY/T 396—2000）、《农区环境空气质量监测技术规范》（NY/T 397—2000）以及国家环保总局《土壤环境监测技术规范》（HJ/T 166—2004）、《水质采样样品的保存和管理技术规定》（GB 12999—1991）、《环境空气质量自动监测技术规范》（HJ/T 193—2005）、《环境空气质量手工监测技术规范》（HJ/T 194—2005）、《大气污染物无组织排放监测技术导则》（HJ/T 55—2000）、《地表水和污水监测技术规范》（HJ/T 91—2001）和《地下水环境监测技术规范》（HJ/T 164—2004）等相关规定执行，监测单位组织和实施了严格的环境监测质量保证与质量控制活动。

第三节　质量保证与质量控制工作内容

一、现场监测质量保证与质量控制

环境监测质量控制是监测过程全面的质量管理，监测过程中的采样、制样过程等现场环节也需进行严格的质量保证与质量控制，采用以下措施最大程度减少现场环境和人员因素对监测质量的影响，确保现场采样及相关过程符合环境监测质量控制要求。

（1）监测点位的设置、样品数量、样品采集、样品流转、样品制备与保存等过程严格按照有关标准和规范进行。

（2）保证现场采样器具洁净，严格按监测项目和分析要求进行准备和清洗，现场监测仪器、设备按要求进行校准。

（3）在开展监测工作前，对监测人员进行专门培训，让经过良好训练和有经验的专业人员全程参加采样工作，并进行现场监督，做好相关记录。

二、实验室质量保证与质量控制

在监测方案符合质量要求的前提下，充分保证实验室的分析测试仪器、化学试剂、分析人员的技术水平，以及日常管理工作符合要求，并采用标准的分析方法，结合精密度和准确度检验等分析质量控制技术，进行实验室内质量控制，使分析结果的精密度和准确度达到质量控制指标的要求。

共采集和分析了3 012个土壤样品、500个水样及其他样品，室内分析测定过程均进行了严格的分析质量控制，测定项目主要包括：①土壤环境监测项目，如pH、砷、汞、铅、镉、铬、铜、镍、锌、滴滴涕、六六六等；②农田灌溉水（简称农灌水）监测项目，如pH、砷、汞、铅、镉、铬、氟化物、氯化物等。

1. 精密度控制

进行分析测定时，每批样品每个项目均设置20%的平行样品，编为明码平行样或密码平行样。每个项目的每次测定均计算平行双样测定结果误差，并依据规定的允许误差范围计算合格率。当平行双样测定合格率低于95%时，除对当批样品重新测定外再增加样品数10%～20%的平行样，直至平行双样测定合格率大于95%。

（1）在采集的2 908个土壤样本基础上，共设600个平行样品。依据《土壤环境监测技术规范》（HJ/T 166—2004）中各测定项目的相对标准偏差允许范围进行分析质量控制，图3－1是土壤环境质量分析平行双样合格率，从图中可以看出，出具数据时，各个项目平行双样测定合格率均达到95%以上，测试精密度达到实验室质量控制要求。

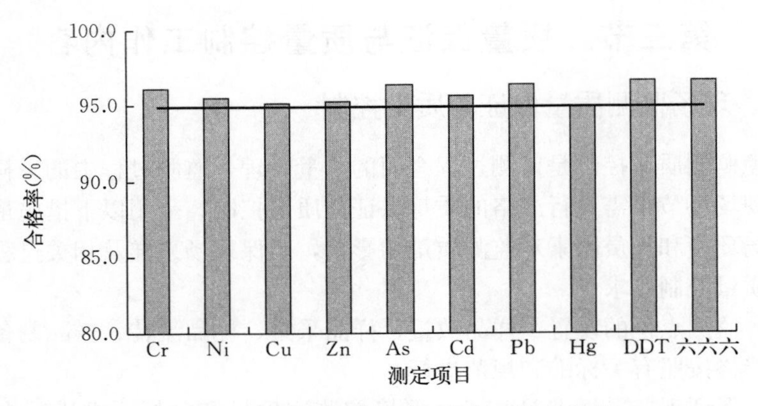

图 3-1　土壤环境质量分析平行双样合格率

（2）在采集的 136 个农灌水样本基础上，共设 30 个平行样品。依据《地表水和污水监测技术规范》（HJ/T 91—2001）和《地下水环境监测技术规范》（HJ/T 164—2004）中各测定项目的相对标准偏差允许范围进行分析质量控制。图 3-2 是种植业农灌水环境质量分析平行双样合格率，从图中可以看出，出具数据时，各个项目平行双样测定合格率均达到 95%以上，测试精密度达到实验室质量控制要求。

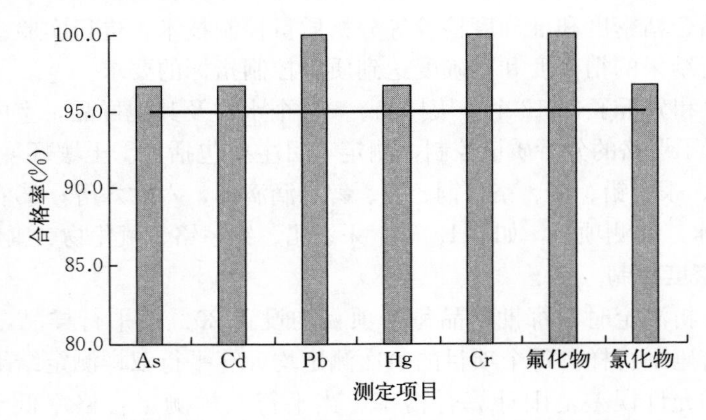

图 3-2　种植业农灌水环境质量分析平行双样合格率

2. 准确度控制

进行分析测定时，每批样品每个项目的测定均带测质量控制（简称质控）平行样品。在当批样品分析测定的精密度合格的条件下，进一步确认质控样测定值落在质控样保证值范围之内，达到 95%的置信水平。当未达到 95%的置信水平时，则当批结果无效，需查找误差来源并重新对该批样品进行分析测定，直至合格。

以监测一次采样土壤样品分析为例，所采集的2 908个样本各测定8个项目，根据不同测定批次，每个项目每批次增设1个质控样，依据《土壤环境监测技术规范》（HJ/T 166—2004）中各测定项目的准确度相对误差允许范围进行分析质量控制，出具数据时，各批次质控样测定值置信水平均达到95%，测试准确度达到实验室质量控制要求。

三、实验室间质量保证与质量控制

结合本项工作的监测内容与要求，对样品分析过程进行了实验室间监测质量控制。选取部分样品送至其他外部实验室进行平行测定，参加测定的监测机构有农业农村部农产品质量监督检验测试中心（北京）、农业农村部环境监测总站、山东省农业科学院中心实验室、国家有色金属及电子材料分析测试中心、谱尼测试科技（北京）有限公司和农业农村部蔬菜品质监督检验测试中心。在各实验室完成内部控制的基础上，对各实验室测定数据进行对比，通过实验室间各监测项目测定数据允许相对误差和相对标准偏差范围比较，确定实验室间数据可比性，进一步确保了实验室测定分析达到质量控制要求。

本次实验室间质量控制共设29个分析样品（含标准样品），6个实验室分别对相同样品中Pb、Cd、Cr、As、Hg等5项重金属指标进行了测定。依据《土壤环境监测技术规范》（HJ/T 166—2004），对各测定项目实验室间精密度再现性进行分析质量控制。结果表明（表3-1），29个样品的5项指标的变异系数合格率均达到90%以上，符合实验室间精密度控制要求。此外，各实验室对标准样品的分析结果表明，质控样测定值均达到90%以上的置信水平。由此可见，参加测定的实验室间环境监测分析精密度和准确度达到质量控制要求，说明参加监测的实验室检测能力和水平符合要求，出具的数据具有可靠性和有效性。

表3-1　实验室间质量控制样品分析变异系数

编号	变异系数（%）				
	Pb	Cd	Cr	As	Hg
BJ01	26.6	36.0	29.9	7.2	33.0
BJ02	18.7	31.6	31.4	10.0	30.9
BJ03	34.6	39.6	28.5	12.8	29.5
BJ04	27.2	27.9	29.2	12.3	31.9
BJ05	23.7	41.4	21.8	13.8	30.0
BJ06	15.9	23.3	25.9	7.8	39.6
BJ07	43.9	33.5	21.1	26.2	23.6
BJ08	33.8	22.4	13.8	18.6	22.5

（续）

编号	变异系数（%）				
	Pb	Cd	Cr	As	Hg
BJ09	24.3	36.0	19.6	9.0	21.6
BJ10	22.6	29.5	11.4	12.6	13.7
BJ11	25.2	32.7	6.2	7.7	27.0
BJ12	29.6	34.3	22.9	22.9	29.8
BJ13	27.2	25.0	22.6	19.2	15.3
BJ14	27.6	32.1	26.3	15.6	32.7
BJ15	25.2	36.3	10.2	7.9	28.2
BJ16	33.6	34.8	18.5	12.2	24.2
BJ17	23.4	21.2	22.5	2.5	31.6
BJ18	19.7	22.7	25.5	7.4	24.1
BJ19	29.8	30.0	14.1	8.7	23.9
BJ20	27.4	29.7	6.1	12.0	15.7
BJ21	30.9	22.0	23.1	20.4	21.9
BJ22	32.6	11.8	16.9	20.3	22.0
BJ23	26.6	24.8	25.0	14.1	30.8
BJ24	25.4	33.0	13.5	14.1	19.1
BJ25	25.6	30.9	23.0	17.1	28.6
BJ26	17.8	31.5	16.8	20.3	24.6
BJ27	36.0	30.7	29.2	34.8	27.7
BJ28	33.7	37.5	28.8	34.7	30.2
BJ29	20.5	28.2	29.1	6.5	31.3
合格率	93.1	96.6	96.6	93.1	93.1

第四章　土壤环境质量现状调查

第一节　土壤重金属污染现状

一、总体污染状况

随着社会经济和现代化工农业生产的高速发展，工农业废弃物的大量排放及不合理管理，使得土壤污染问题日趋严重，特别是土壤重金属污染已成为一个全球化的环境问题。我国环境保护部和国土资源部于 2014 年 4 月 17 日发布的《全国土壤污染状况调查公报》显示，全国土壤污染总的超标率为 16.1%，其中轻微、轻度、中度和重度污染点位比例分别为 11.2%、2.3%、1.5%和 1.1%。污染类型以无机型污染为主，有机型污染次之，复合型污染比重较小，无机型污染物超标点位数占全部超标点位的 82.8%。镉、汞、砷、铜、铅、铬、锌、镍 8 种无机污染物点位超标率分别为 7.0%、1.6%、2.7%、2.1%、1.5%、1.1%、0.9%、4.8%（表 4-1）。

表 4-1　无机污染物超标情况

元素	污染物点位超标率（%）	不同程度污染点位比例（%）			
		轻微	轻度	中度	重度
镉	7.0	5.2	0.8	0.5	0.5
汞	1.6	1.2	0.2	0.1	0.1
砷	2.7	2.0	0.4	0.2	0.1
铜	2.1	1.6	0.3	0.15	0.05
铅	1.5	1.1	0.2	0.1	0.1
铬	1.1	0.9	0.15	0.04	0.01
锌	0.9	0.75	0.08	0.05	0.02
镍	4.8	3.9	0.5	0.3	0.1

从污染分布情况看，南方土壤污染重于北方；长江三角洲、珠江三角洲、东北老工业基地等部分区域土壤污染问题较为突出，西南、中南地区土壤重金属超标范围较大；镉、汞、砷、铅 4 种无机污染物含量分布呈现从西北到东南、从东北到西南逐渐升高的态势。

二、不同土地利用类型土壤的环境质量状况

《全国土壤污染状况调查公报》显示，耕地土壤点位超标率为19.4%，其中轻微、轻度、中度和重度污染点位比例分别为13.7%、2.8%、1.8%和1.1%，主要污染物为镉、镍、铜、砷、汞、铅、滴滴涕和多环芳烃。

林地土壤点位超标率为10.0%，其中轻微、轻度、中度和重度污染点位比例分别为5.9%、1.6%、1.2%和1.3%，主要污染物为砷、镉、六六六和滴滴涕。

草地土壤点位超标率为10.4%，其中轻微、轻度、中度和重度污染点位比例分别为7.6%、1.2%、0.9%和0.7%，主要污染物为镍、镉和砷。

未利用地土壤点位超标率为11.4%，其中轻微、轻度、中度和重度污染点位比例分别为8.4%、1.1%、0.9%和1.0%，主要污染物为镍和镉。

第二节　土壤重金属污染来源

土壤中污染物的来源有两类：一类是自然源，主要是自然矿床风化、火山灰、地震等；另外一类是人为污染源，主要包括固体废弃物（城市垃圾、工业废渣、污泥、尾矿等）、施肥、农药喷施、污水灌溉、大气沉降等。《全国土壤污染状况调查公报》也显示，全国土壤环境状况总体不容乐观，部分地区土壤污染较重，耕地土壤环境质量堪忧，工矿业废弃地土壤环境问题突出。工矿业、农业等人为活动以及土壤环境背景值高是造成土壤污染或超标的主要原因。我国土壤重金属污染主要来源于污水灌溉、工业废渣、城市垃圾、工业废弃物堆放及大气沉降（王文兴等，2005），且污水中占较大比例的工业废水是土壤重金属污染物的主要来源之一（俄胜哲等，2009）。

除了大气沉降、污泥农用、工业废弃物以及固体废物堆肥等工业活动会造成土壤重金属污染外，农业生产等活动的投入物和产生的废物，例如有机肥、化肥、灌溉水、畜禽粪、农药等也会对重金属的累积有一定的贡献。

一、有机肥

随着饲料添加剂的大量使用，饲料添加剂中矿物质元素的添加会伴随带入微量有毒的重金属，这些重金属会随着饲料的代谢进入粪便。由于饲料中微量元素的添加，造成畜禽粪便中重金属元素的环境污染风险增高。饲料中的重金属元素被动物吸收后，一部分会在体内累积，一部分随代谢物排出，导致粪便中重金属含量往往较高，有研究发现粪便中重金属含量与饲料中添加剂含量呈线性关系（姜萍等，2010；张树清等，2005）。

土壤-作物系统是一个动态体系，输入重金属元素的量过高容易造成土壤、地下水或产出作物的重金属污染（Xiong et al.，2010）。粪便、有机肥的施用方式和作物的种植类型不同，整个系统中重金属元素的环境行为和污染风险也不同。有研究对种植大豆农田中连续数年施用猪粪，发现虽然未造成土壤污染，但大豆籽粒镉含量全部超标；且由于土壤累积镉较多，还存在向地下水淋移的风险（Xu et al.，2013）。在种植萝卜、白菜的土壤中施加猪粪，同样发现耕层土壤和作物可食部位中 Cu、Zn 显著累积（Zhou et al.，2005）。水稻较易从土壤中吸收、富集镉，在水稻土中施用动物粪便、有机肥不仅影响土壤环境质量，还会增加稻米镉超标的风险（Chao et al.，2007；Wang et al.，2017）。然而也有研究表明，长期使用猪粪和鸡粪可以显著降低水稻籽粒中镉的含量，同时，可以改变土壤中镉的存在形态（Huang et al.，2018）。Solgi（2018）研究了灌溉水、肥料对土壤-苜蓿系统有害元素累积的贡献，发现磷肥和有机肥成为镉和铅累积的主要来源。

二、化肥

施用肥料是获得高产的重要手段，为农业带来巨大的经济效益。我国化肥的施用量逐年增加。但是，由于一些肥料中含有一定的重金属，连年施用会使土壤中的重金属不断积累。化肥中的重金属一般比土壤中重金属具有更高的可溶性，易被作物吸收，危害也会更大。据调查，氮、钾肥料中重金属含量较低，而磷肥中重金属含量较高，化肥重金属污染主要来自磷肥。肥料是农业生产中重要的投入品，不同种类磷肥中镉含量有差异，过磷酸钙中镉含量最高。张夫道在 20 世纪 90 年代对磷肥中的镉含量进行了分析测试，调查结果显示含磷肥样品中镉的含量均值为 0.60 mg/kg（张夫道，1985）。

中国作为农业大国，是世界上最大的肥料生产国和消费国。据国家统计局统计，我国 2016 年农用化肥用量达 5 984.41 万 t（折纯量），如果化肥中重金属含量限制不严格，长期施用重金属含量高的化肥会造成土壤重金属累积（刘树堂等，2005）。

在长期施用化肥的情况下，由化肥带入的重金属如何影响土壤环境质量是人们关注的问题。有研究表明在长期施用肥料的情况下，除镉以外，土壤中的重金属含量并不会发生显著的变化。王腾飞等（2017）以红壤稻田（始于 1981 年）和红壤旱地（始于 1991 年）长期定位施肥试验的土壤数据分析发现，长期施用化肥和稻草还田未见明显的重金属积累。王美等（2014）分析测定黑土、潮土和红壤在 20 多年不同施肥措施条件下土壤和作物中重金属的含量，结果发现：长期单施化肥对黑土、潮土、红壤中锌、镉含量没有显著影响。这些研究结果表明，长期施用重金属含量高的化肥可能会造成镉超标，但其他有害元素则无明显影响。

三、灌溉水

农田灌溉通常采用地下水或是江河湖泊中的水。随着生产生活的发展，大量的污染物被排放到了水体中，造成水体污染。这类水中虽营养元素含量较高，但也含有大量的有害物质，如有毒有机物以及重金属等。污水灌溉是土壤-作物系统重金属输入的重要途径。根据我国农业农村部进行的全国污水灌溉区调查，在约 140 万 hm^2 的污水灌溉区中，遭受重金属污染的土地面积占污水灌溉区面积的 64.8%，其中轻度污染的占 46.7%，中度污染的占 9.7%，严重污染的占 8.4%（骆永明，2006）。污水中的金属元素主要有镉、铬、铅、锌、汞。污水灌溉使大量的金属元素在土壤中富集，然后被植物吸收，并通过食物链进入人体。日本富山县的神通川流域，因上游铅锌矿排放含镉废水，导致河水污染，灌溉农田后使土壤受到镉的污染，产生“镉米”，人们在长期食用“镉米”和饮用含镉的水后引发痛痛病。

四、大气沉降

随着目前工业的发展，在人类活动频繁、工矿业发达的地区，大气沉降几乎成为土壤中重金属输入的主要来源，对重金属的贡献率较高（崔德杰等，2004）。重金属元素可通过化石燃料燃烧、汽车尾气、工业烟气、粉尘、矿山开采、汽车轮胎磨损等进入大气。近年来，由于近地表降尘含量和降尘中所包含的污染物质的含量均表现出逐年增加的趋势，大气沉降已经被认为是大范围内土壤中重金属的重要来源。有研究表明，我国大气干湿沉降中 Cu、Zn、Pb、Cr、Cd、As、Mn、Ni、Hg 的年沉降通量均值或中位值分别为（10.99±14.74）mg/m^2、（78.87±313.23）mg/m^2、（21.81±64.53）mg/m^2、（10.38±48.10）mg/m^2、（0.37±1.84）mg/m^2、（2.54±3.85）mg/m^2、（48.00±193.40）mg/m^2、（4.79±13.56）mg/m^2、（0.04±0.16）mg/m^2。大气降尘中 Cu、Zn、Pb、Cr、Cd、Ni 和 Hg 均值（或中位值）的区域变化表现为南方高于北方，而 As、Mn 均值的区域变化表现则为北方高于南方（王梦梦等，2017）。

我国大气沉降对长江三角洲地区农田土壤中的 Zn、Pb、Cr 的贡献率为 72%～84%，对 Cd、Hg、Cu 贡献也在 35%左右（Hou et al.，2014）；大气沉降也是松嫩平原土壤中重金属元素的主要输入源，Cd、Hg、As、Cu、Pb 和 Zn 的输入量占总输入量的 78%～98%（Xia et al.，2014）。大气沉降对土壤重金属的累积，不同元素表现出区域差异性。

五、小结

Luo等（2009）以整个国家为研究范围，统计了各个不同来源向我国农田土壤带入重金属的状况，以及由作物带出的情况。土壤中重金属的来源主要为大气沉降、畜禽粪、肥料与农药、污水灌溉、污泥等，对于As、Cr、Hg、Ni和Pb的总输入量，大气沉降贡献率占43%～85%，对于Cd、Cu、Zn，畜禽粪贡献率分别约为55%、69%、51%。由于来源的时空差异性，在个别过分施用污泥、肥料的地区，施入的污泥、肥料也可成为主要来源。我国农业土壤微量元素年输入量见表4-2。

表4-2　我国农业土壤微量元素年输入量

项目	As	Cd	Cr	Cu	Hg	Ni	Pb	Zn
大气沉降（t/年）	3 451	493	7 392	13 145	7 092	7 092	24 658	78 973
畜禽粪便（t/年）	1 412	778	6 113	49 229	23	2 643	2 594	95 668
总化肥（t/年）	835	113	3 429	2 741	87	504	1 565	7 874
氮钾肥（t/年）	ND	0.61	ND	62	7.8	ND	0.67	389
磷肥（t/年）	299	24	1626	843	17	215	727	2 518
复合肥（t/年）	536	89	1 803	1 836	62	289	838	4 967
农药（t/年）	0	<1	<1	5 000	0	0	0	125
灌溉水（t/年）	219	30	51	1 486	1.3	237	183	4 432
污泥（t/年）	7.4	1.4	85	224	1.3	36	60	669
总输入（t/年）	5 925	1 417	17 071	71 824	286	10 512	29 061	187 741
总输出（t/年）	192	178	1 038	12 158	18.2	2 432	208	60 792
净输入（t/年）	5 733	1 239	16 033	59 666	268	8 080	28 853	126 949
增长量（%）	0.02	0.004	0.057	0.21	0.001	0.029	0.1	0.45
安全年限（年）	920	50	2 433	364	455	802	525	389

注：ND表示数值低于检测限。

第三节　调查结果

一、调查范围

本次调查对北京市房山、大兴、通州、顺义、昌平、延庆、平谷、怀柔和密云共9个农业区的菜田、果园、粮田等主要类型种植业农田进行农业面源污染调查，涉及平原保护地蔬菜、平原露地蔬菜、平原小麦玉米轮作、平原大田作物、平原园地和高原园地6种主要种植模式。调查点位数量为340个，其中，平原保护地蔬菜点位数量 80 个，平原露地蔬菜点位数量 70 个，平原小麦玉米轮作点位数量 60 个，平原大田作物点位数量 50 个，平原园地点位数量 60 个，高原园地点位数量 20 个，种植业典型地块土壤监测点位分配见表 4－3。

表 4－3　种植业典型地块土壤监测点位分配

种植模式	点位数量（个）									
	怀柔	房山	通州	平谷	延庆	大兴	顺义	昌平	密云	合计
高原园地	5				10				5	20
平原露地蔬菜	5	10	10		5	10	10	10	10	70
平原保护地蔬菜	10	10	10	5		10	15	10	10	80
平原小麦玉米轮作	10	15	10	10		5	10			60
平原大田作物		10	10	10		10	10			50
平原园地		10	10	20		10		10		60
合计	30	55	50	45	15	45	45	30	25	340

对 2016 年北京市不同种植模式面积（表 4－4）调查显示，13 个典型农业区露地蔬菜 12.06 万亩*，保护地蔬菜约 22.36 万亩，小麦玉米轮作约 23.52 万亩，其他大田作物约 52.05 万亩，平原园地约 83.36 万亩，高原园地约 166.29 万亩。

表 4－4　2016 年北京市不同种植模式面积（亩）

区名	露地蔬菜	保护地蔬菜	小麦玉米轮作	其他大田作物	平原园地	高原园地
昌平	3 035.9	8 940.0	0	19 687.4	40 894.0	204 148.0
平谷	5 996.0	4 420.0	15 520.0	61 328.0	167 656.7	214 261.4
顺义	21 041.7	31 140.8	60 114.0	27 028.0	36 517.9	0
密云	6 586.7	4 501.7	6 000.0	82 111.6	131 104.0	646 190.0
延庆	7 204.9	5 979.7	0	121 936.2	30 276.0	30 556.0
大兴	42 093.5	96 267.0	103 388.0	42 047.0	76 013.3	0
房山	11 378.0	21 500.0	31 700.0	104 012.0	166 553.0	0
通州	8 982.0	40 418.0	10 912.0	12 902.0	51 314.0	0
怀柔	8 378.0	3 815.6	7 475.0	39 355.4	108 311.3	409 540.9
朝阳	1 730.0	1 153.3	0	885.0	3 280.0	0
丰台	283.0	314.0	0	52.0	904.0	4 126.0
门头沟	380.0	60.0	0	3 500.0	0	150 320.0
海淀	3 520.3	5 061.9	0	5 702.2	20 752.5	3 800.0
合计	120 610.0	223 572.0	235 109.0	520 546.8	833 576.7	1662 942.3

* 亩为非法定计量单位，1 亩≈667 m^2。——编者注

其他基本情况：①调查点位中18.4%采用全程机械化作业，39.3%半机械化作业，42.3%人工作业；②调查点位中1.1%采用雨水灌溉，4.2%河水灌溉，94.7%井水灌溉；③甘薯灌溉1～3次，根茎叶类蔬菜3～13次，瓜果类蔬菜6～18次，落叶果树0～6次，小麦1～3次，玉米0～2次。由此可知，京郊农田采用机械化和人工作业相结合的方式进行种植；灌溉方式主要以地下水灌溉为主，瓜果类蔬菜的灌溉次数显著高于大田作物，果树灌溉次数最少。

二、肥料施用现状

对北京地区不同种植模式下肥料施用现状调查，调查结果表明，北京地区使用的化学肥料种类包含复合肥、尿素、磷酸二铵、硫酸钾等，有机肥一般为畜禽粪便有机肥和商品有机肥，畜禽粪便有机肥种类主要有鸡粪、牛粪、猪粪、羊粪等，商品有机肥主要有生物动力有机肥、一特有机肥等。

1. 设施蔬菜肥料施用现状

对北京黄淮海半湿润平原设施蔬菜种植模式下作物肥料施用状况调查显示（表4-5），化学肥料中氮素年平均投入量为262.7 kg/hm^2，磷素年平均投入量为138.2 kg/hm^2，钾素年平均投入量为160.7 kg/hm^2；通州和大兴区氮肥投入量显著高于其他区，主要由于作物生长过程中追肥尿素引起的；由有机肥带入土壤的平均养分量分别为氮素243.7 kg/hm^2、磷素137.3 kg/hm^2、钾素180.1 kg/hm^2。

表4-5　设施蔬菜种植模式下作物肥料施用状况调查（年投入量）

区名	化学肥料（kg/hm^2）			有机肥（kg/hm^2）		
	N	P	K	N	P	K
房山	267.4	111.3	108.6	367.5	132.4	226.3
通州	413.8	132.4	101.3	251.3	113.7	175.3
顺义	262.5	144.0	369.0	215.3	178.3	156.5
昌平	185.5	154.3	121.5	275.6	203.7	217.2
大兴	362.3	163.4	163.4	340.4	136.2	239.1
平谷	235.0	135.0	135.0	143.3	57.3	100.7
延庆	243.4	121.0	131.2	186.3	118.0	207.2
怀柔	160.0	124.0	143.4	262.5	171.1	189.4
密云	234.0	158.0	173.2	150.7	124.8	109.6
均值	262.7	138.2	160.7	243.7	137.3	180.1

2. 露地蔬菜肥料施用现状

对北京黄淮海半湿润平原露地蔬菜种植模式下作物肥料施用状况调查显示（表4-6），化学肥料投入中氮素年平均投入量为201.8 kg/hm^2，磷素年平均投入量为119.5 kg/hm^2，钾素年平均投入量为125.0 kg/hm^2；由有机肥带入土壤的平均养分量分别为氮素219.2 kg/hm^2、磷素105.1 kg/hm^2、钾素150.0 kg/hm^2。

表4-6　露地蔬菜种植模式下作物肥料施用状况调查（年平均投入量）

区名	化学肥料（kg/hm^2）			有机肥（kg/hm^2）		
	N	P	K	N	P	K
房山	96.0	96.0	96.0	210.0	48.0	252.0
通州	394.5	135.0	135.0	183.1	76.3	179.4
顺义	180.0	180.0	180.0	240.0	120.0	120.0
昌平	134.6	92.5	112.5	211.9	137.6	125.8
大兴	286.3	115.3	134.3	268.6	133.1	162.4
延庆	150.0	150.0	150.0	156.7	75.4	49.7
密云	171.0	67.5	67.5	264.1	145.0	161.1
均值	201.8	119.5	125.0	219.2	105.1	150.0

3. 小麦玉米轮作肥料施用现状

对北京黄淮海半湿润平原小麦玉米轮作种植模式下作物肥料施用状况调查显示（表4-7），主要以化学肥料为主，仅平谷地区辅以有机肥，化学肥料投入中氮素年平均投入量为410.5 kg/hm^2，磷素年平均投入量为190.9 kg/hm^2，钾素年平均投入量为118.1 kg/hm^2，说明小麦玉米轮作主要以氮肥和磷肥为主。

表4-7　小麦玉米轮作种植模式下作物肥料施用状况调查（年平均投入量）

区名	化学肥料（kg/hm^2）			有机肥（kg/hm^2）		
	N	P	K	N	P	K
房山	448.8	288.7	173.8	—	—	—
通州	380.7	282.9	103.5	—	—	—
顺义	432.0	267.0	198.0	—	—	—
大兴	734.3	78.8	78.8	—	—	—
平谷	67.5	67.5	67.5	90.5	50.5	86.5
怀柔	399.8	160.5	87.0	—	—	—
均值	410.5	190.9	118.1	90.5	50.5	86.5

注："—"表示该区小麦玉米轮作种植模式未施有机肥。

4. 其他大田肥料施用现状

北京黄淮海半湿润平原其他大田种植作物主要是玉米，调查统计显示（表4-8），其他大田主要施用化学肥料，化学肥料投入中氮素年平均投入量为211.6 kg/hm²，磷素年平均投入量为94.0 kg/hm²，钾素年平均投入量为74.7 kg/hm²，仅延庆地区化学肥料与有机肥混合施用，有机肥施用量为30 t/hm²。

表4-8 其他大田肥料施用状况调查（年平均投入量）

区名	化学肥料（kg/hm²）			有机肥（kg/hm²）		
	N	P	K	N	P	K
房山	234.8	93.8	112.5	—	—	—
通州	377.4	179.8	51	—	—	—
顺义	171.2	67.5	67.5	—	—	—
大兴	142.3	112.4	122.1	—	—	—
平谷	309.8	33.8	33.8	—	—	—
延庆	67.5	67.5	67.5	132.5	56.3	88.4
密云	178.5	103.5	68.4	—	—	—
均值	211.6	94.0	74.7	132.5	56.3	88.4

注："—"表示该区其他大田种植模式未施有机肥。

5. 园地作物肥料施用现状

根据调查，园地作物肥料施用主要为化学肥料与有机肥料结合施用（表4-9），化学肥料投入中氮素年平均投入量为185.7 kg/hm²，磷素年平均投入量为94.7 kg/hm²，钾素年平均投入量为197.3 kg/hm²；有机肥料年平均投入量为46.4 t/hm²，由有机肥带入土壤的平均养分量分别为氮素224.5 kg/hm²、磷素95.7 kg/hm²、钾素143.8 kg/hm²。

表4-9 园地作物肥料施用状况调查（年平均投入量）

区名	化学肥料（kg/hm²）			有机肥（kg/hm²）		
	N	P	K	N	P	K
房山	276	75	75	427	145.1	224.6
通州	184.7	74.3	299.3	226.5	101.4	162.1
昌平	112.5	112.5	112.5	233.2	112.3	143.8
大兴	288	144	432	112.3	55.8	88.5
平谷	67.5	67.5	67.5	123.5	64.1	99.8
均值	185.7	94.7	197.3	224.5	95.7	143.8

三、农灌水现状

农田灌溉水的质量直接影响农作物的生长和产品品质，从而与人类的健康息息相关。为防止土壤、地下水和农产品污染，保障人体健康，维护生态平衡，依据《农田灌溉水质标准》（GB 5084—2005），在全市范围内均匀布设136个农灌水监测点，所监测的项目主要为重金属、pH、氟化物和氯化物等，对各个监测项目的不同评价因子采用单项污染指数法进行评价，在此基础上，采用内梅罗综合污染指数法对农灌水环境质量进行综合评价。

1. 农灌水重金属评价

灌溉水中的重金属对作物的产量和产品品质都有明显的影响，其中，As、Hg、Pb、Cd、Cr 5种重要元素为主要的监测指标。采用单项污染指数法分别对其进行评价，根据污染状况，划分为清洁、尚清洁、污染3个等级，以此来判定北京市各地区重金属对农灌水的污染程度，从而为评判各个地区农灌水水质状况提供科学依据。

（1）农灌水中的As。长期使用含有As的污水进行农灌，会存在潜在的As污染，为此我们依据《农田灌溉水质标准》（GB 5084—2005），采用单项污染指数法对As在北京不同地区的污染状况进行判定和结果分析。通过对北京各区136个监测点的评价分析可知，共有134个监测点的污染状况均为清洁，占全部监测点的98.53%，仅有2个监测点的污染状况为尚清洁，占全部监测点的1.47%，这两个点位于密云和顺义，说明这两个区部分农灌水水质存在潜在As污染。尚清洁介于清洁与污染之间，如果不加以防治很可能会转变为污染。因此，应该采取相应措施，避免使用受As污染的水源进行农业灌溉。

（2）农灌水中的Hg。灌溉水中含Hg 0.005 mg/L，则Hg在土壤表层即稍有积累，长期灌溉可造成Hg在土壤表层的积累，污染土壤，造成对作物的危害。依据《农田灌溉水质标准》（GB 5084—2005），采用单项污染指数法对Hg在北京不同地区的污染状况进行判定和结果分析。通过对北京各区136个监测点的评价分析可得，共有134个监测点的污染状况为清洁，占全部监测点的98.53%；有2个监测点的污染状况为尚清洁，占全部监测点的1.47%，这两个点位于密云和海淀，说明这两个区部分农灌水质存在潜在Hg污染。

（3）农灌水中的Pb、Cr和Cd。随着都市化、工业化的发展，环境污染程度日益严重，其中Pb、Cr、Cd是最主要的污染源，成为一个全球性亟待解决的问题，必须引起重视。为此，依据《农田灌溉水质标准》（GB 5084—2005），采用单项污染指数法对Pb、Cr、Cd在北京农灌区的污染状况进行判定和结果分析。此次监测共布设136个监测点，污染状况均为清洁。说明北京市农灌水水质未受到重金属 Pb、Cr 和 Cd 污染。

2. 农灌水 pH 评价

pH 除直接影响植物生长外，还会使一些营养物质被淋失或被土壤固定，造成植物缺乏养分而受害，或吸收有毒的元素，造成生理危害，这些都是导致植物死亡的原因。pH 小于 4 或大于 9 时，对农作物均会产生不良影响。用 pH 小于 3 或大于 11 的水灌溉作物，作物很快死亡。通过对北京各区 136 个监测点的评价分析可知，各监测点农灌水的 pH 为 5.5～8.5，用这种水进行农田灌溉不会对作物产生危害。说明北京地区农灌水 pH 符合《农田灌溉水质标准》（GB 5084—2005）的要求。

3. 农灌水环境质量综合评价

依据《农田灌溉水质标准》（GB 5084—2005），采用内梅罗综合污染指数法对北京不同地区的农灌水环境质量进行判定和结果分析。通过对北京各区 136 个监测点的综合评价分析可知，有 135 个监测点的评价结果为清洁，占全部监测点的 99.26%；有 1 个监测点的评价结果为污染，占全部监测点的 0.74%，该受污染的监测点位于昌平区，说明这个区部分农灌水水质存在污染。总体来说，北京地区农灌水污染面积较小，水质状况良好，适于农作物灌溉。

四、小结

随着都市农业的发展，设施蔬菜已成为蔬菜生产的主导产业，不仅给人们带来了显著的经济效益，同时也产生了一定的社会效益。但在设施蔬菜种植过程中，往往单纯地注重高投入，而忽略了该系统的养分输入-输出平衡。近年来，设施蔬菜种植体系各种养分的施用量远远高于作物的需求量，特别是氮肥，其施用量一般是蔬菜作物实际需求量的 5～10 倍。北京地区各种养分总体上也出现了盈余。土壤氮素大部分损失掉了，而磷、钾易在土壤中积累。肥料氮的超高量投入和大量元素磷、钾的不合理积累，将引起植物养分的生理性不平衡。而且由于原料本身的杂质以及生产工艺流程的污染，使得肥料中含有一定的杂质。它们往往含有大量的重金属元素、有毒有机化合物以及放射性物质，施入土壤后产生一定程度的积累，形成土壤的潜在污染。

化肥施用技术比较落后，过量偏施、配比不合理、表层施肥、施后大水漫灌现象较为普遍。近年来，为了高效利用化肥，测土配方施肥在北京地区广泛推广。2015 年在房山区、顺义区、大兴区、通州区等 9 个测土配方施肥技术项目区的粮食、蔬菜、果树、经济作物上共推广 315 万亩，总节肥 0.63 万 t。2012—2015 年，与常规施肥相比，冬小麦总节肥 341 t，玉米总节肥 1 600 t，经济作物总节肥 369 t，蔬菜总节肥 2 284 t，果品总节肥 1 418 t，其他作物总节肥 293 t。

北京地区使用的有机肥种类达 30 多种，可归纳为畜禽等的原生粪便、农户自制有机肥和商品有机肥三大类。另外，受区域农民素质、劳动力和生产习惯等因素的影响，区域间有机肥的使用和投入差异非常大。在各区有机肥的投入中，以畜禽原生粪便为主，占到 79.8%，自制有机肥占到 18.6%，商品有机肥仅占 1.6%。原生粪便直接施用，可能造成病原菌的传播。因此，北京地区大量施用有机肥成为农田环境污染的主要贡献之一。

农灌水监测点水环境质量评价结果表明：重金属（As、Hg、Pb、Cd、Cr）、pH、氟化物、氯化物各项指标均基本达到标准要求，所调查的农灌水监测点水质总体状况良好；个别监测点的污染状况为尚清洁，但所占比例较小，尽管这几个监测点的农灌水水质也符合要求，但其污染程度已达到警戒级，需要注意环境保护，防止其转为污染水平；昌平区的 1 个监测点农灌水氟化物超标。通过对北京地区农灌水质量的综合分析评价得出，总体上北京各区的农灌水未污染，符合《农田灌溉水质标准》（GB 5084—2005）和《绿色食品　产地环境技术条件》（NY/T 391—2000）的要求，北京地区的农灌水质量总体情况较好，应进一步加强治理力度，充分发展绿色食品种植业，以此推动经济的发展，提高人们的生活质量。

第五章　土壤环境质量现状

通过对农用地土壤样品的检测，利用 Excel、SPSS 软件分别对土壤中 8 种重金属元素含量和 pH 进行统计分析，并通过 Excel 和 SigmaPlot 绘制了对应的频数分布图、累积频率分布图、盒状图和饼状图等。同时，参照《土壤与环境质量标准》（GB 15618—2018），运用风险指数法对土壤环境质量的现状进行评价，为农田土壤重金属污染的风险管控和农业的绿色、可持续发展提供强有力的数据支撑。

第一节　土壤理化性质特征分析

土壤 pH 是影响土壤重金属含量及其生物有效性的重要指标之一，根据《土壤与环境质量标准》（GB 15618—2018）中的土壤重金属安全范围值的规定，将 pH 划分为 4 个区间范围：<5.5、5.5～6.5、6.5～7.5、>7.5，并将全部土壤样本的 pH 测定结果按照 4 个区间范围绘制为农用地土壤 pH 频数和累积频率分布图（图 5-1）。如图 5-1 所示，土壤样本 pH 在<5.5、5.5～6.5、6.5～7.5、>7.5各个区间内的频数占总体频数的百分比分别是 1.49%、5.48%、27.61%、65.42%。可见，在全部监测农用地土壤样本中，pH>7.5 的土壤所占比重最大。

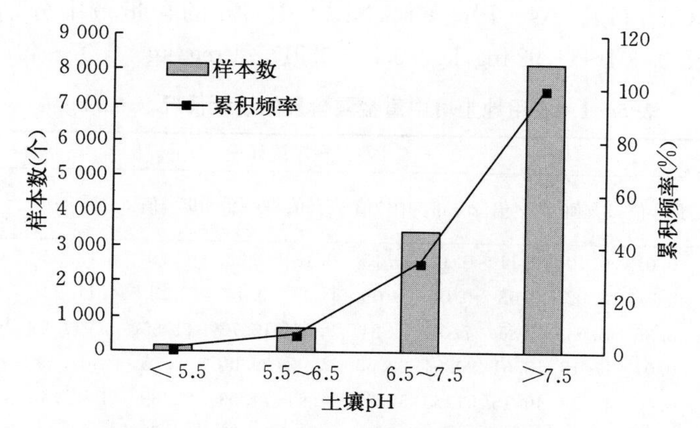

图 5-1　农用地土壤 pH 频数和累积频率分布

土壤阳离子交换量（CEC）也是表征土壤理化性质的重要指标之一。将

CEC 划分为 4 个区间范围：<10 cmol/kg、10～15 cmol/kg、15～20 cmol/kg、>20 cmol/kg。并将 44 个土壤样本的 pH 测定结果按照 4 个区间范围绘制为农用地土壤阳离子交换量频数和累积频率分布图（图 5-2）。如图 5-2 所示，土壤样本 CEC 在<10 cmol/kg、10～15 cmol/kg、15～20 cmol/kg、>20 cmol/kg 各个区间内的频数占总体频数的百分比分别是 11.36%、11.36%、27.28%、50.00%。可见，在 44 个农用地土壤样本中，CEC>20 cmol/kg 的土壤所占比重最大。

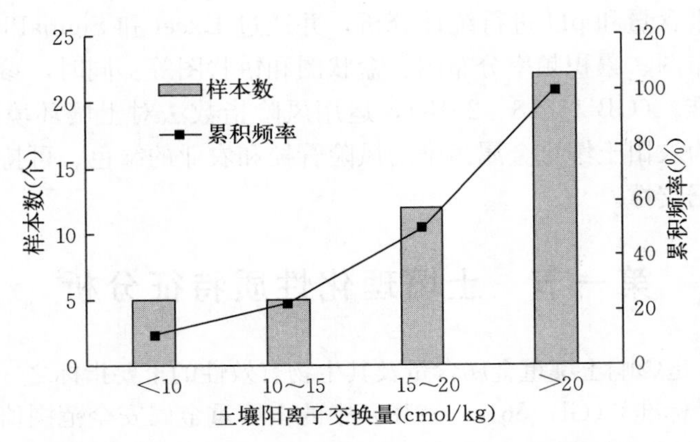

图 5-2　农用地土壤阳离子交换量频数和累积频率分布

第二节　土壤重金属含量的统计分析

表 5-1 为农用地土壤中重金属含量的统计情况，从表中数据可得出，农用地土壤中 Cd、Hg、As、Pb、Cr、Ni、Cu、Zn 的含量范围分别为 0.01～13.22 mg/kg、0.004～11.92 mg/kg、0.35～2 917.21 mg/kg、0.07～407.99 mg/kg、

表 5-1　农用地土壤中重金属含量的统计情况（mg/kg）

监测指标	样点数（个）	顺序统计量									算术平均值	标准误差
		最小值	5%值	10%值	25%值	中位值	75%值	90%值	95%值	最大值		
Cd	12 498	0.01	0.10	0.11	0.12	0.15	0.18	0.23	0.29	13.22	0.17	0.002
Hg	12 498	0.004	0.02	0.03	0.04	0.05	0.08	0.14	0.21	11.92	0.08	0.002
As	12 498	0.35	5.04	5.85	7.01	8.24	9.57	10.75	11.55	2 917.21	9.04	0.028 2
Pb	12 498	0.07	17.18	18.61	20.64	22.65	25.22	29.00	32.75	407.99	23.90	0.089
Cr	12 498	0.23	42.53	46.15	51.63	57.92	64.91	74.03	82.39	1 597.46	60.19	0.210
Ni	12 498	0.04	17.23	19.04	21.54	24.44	27.76	31.58	34.70	820.44	25.23	0.095
Cu	12 498	0.09	14.65	16.13	18.59	21.66	25.93	32.58	38.68	511.68	23.83	0.104
Zn	12 498	0.20	48.95	52.71	58.88	66.75	77.07	92.07	105.86	2 027.70	71.74	0.298

0.23～1 597.46 mg/kg、0.04～820.44 mg/kg、0.09～511.68 mg/kg、0.20～2 027.70 mg/kg。Cd、Hg、As、Pb、Cr、Ni、Cu、Zn含量的算术平均值分别为0.17 mg/kg、0.08 mg/kg、9.04 mg/kg、23.90 mg/kg、60.19 mg/kg、25.23 mg/kg、23.83 mg/kg、71.74 mg/kg。

同时，SPSS统计分析的结果表明，农用地土壤中8种重金属含量均属于偏态分布，各个元素含量的算数平均值比相应的中位值高出3.23%～60.00%。

第三节　土壤重金属含量的分布特征

根据表5-1中数据可以计算得出各个重金属含量的变异系数，按照变异系数结果的先后顺序，如Hg>Cd>Cu>Zn>Ni>Pb>Cr>As，用SigmaPlot作图软件绘制了土壤中Cd、Hg、As、Pb、Cr、Ni、Cu、Zn含量的盒状分布图，见图5-3。从图中可以看出土壤中8种元素的集中分布范围。总体而言，全部监测点土壤样品中99.16%～99.94%比例的样本中Cd、Hg、As、

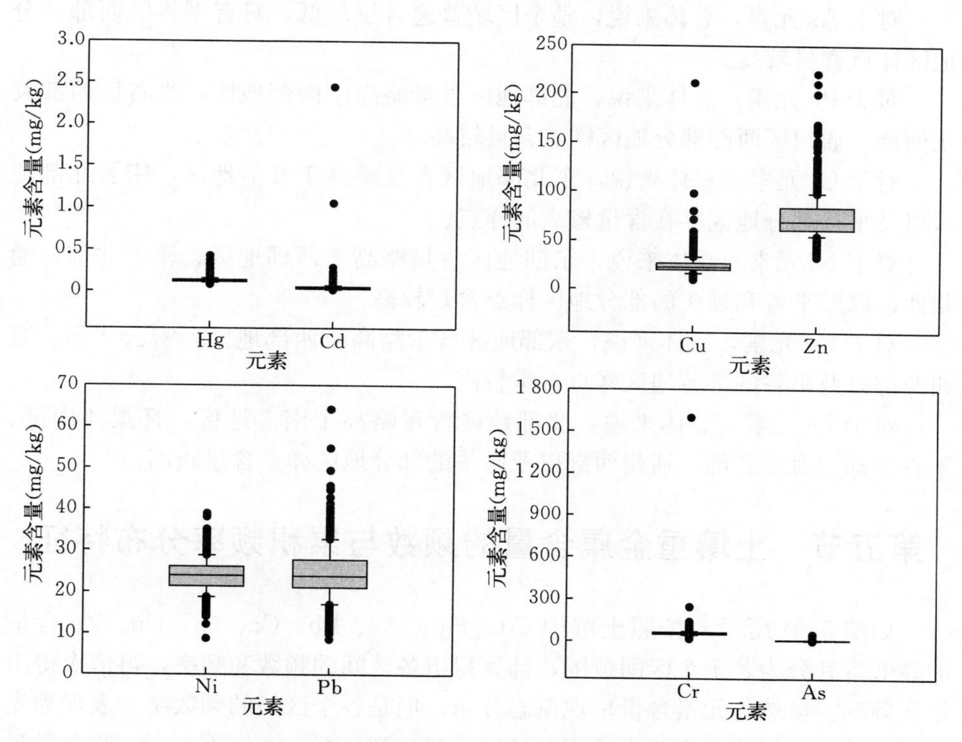

图5-3　农用地土壤的重金属元素含量的盒状分布图

注：盒状图中，矩形框中间的横线表示的是含量的中位数，上下两边分别表示75%和25%的含量值；误差线分别代表10%、90%含量；点图代表位于10%和90%含量值以外的离散值。余同。

Pb、Cr、Ni、Cu、Zn 的含量值分别位于 0～0.6 mg/kg、0～3.4 mg/kg、0～25 mg/kg、0～170 mg/kg、0～250 mg/kg、0～190 mg/kg、0～100 mg/kg、0～300 mg/kg。同时，土壤中 Cd、Hg、As、Pb、Cr、Ni、Cu、Zn 的 90%含量值分别是 10%含量值的 2.09 倍、4.67 倍、1.84 倍、1.56 倍、1.60 倍、1.66 倍、2.02 倍和 1.75 倍。8 种重金属元素含量的上、下误差线以外的离散值中最大值与最小值相差 11.92～2 916.86 mg/kg。

第四节　土壤重金属含量的空间分布特征

对于 Cd 元素，总体来说，东部地区含量略高于西部地区，平谷区的西部部分地区样点含量较高，朝阳区的东南部部分地区存在含量较高的样点。

对于 Hg 元素，总体来说，中部地区含量较高，海淀区中部、朝阳区北部以及通州区西部部分地区样点含量较高。

对于 As 元素，总体来说，整个区域普遍含量较低，只有平谷区西部部分地区样点含量较高。

对于 Pb 元素，总体来说，北部地区含量略高于南部地区，平谷区西部及东南部、通州区西部部分地区样点含量较高。

对于 Cr 元素，总体来说，东北部地区含量略高于其他地区，密云北部地区以及平谷部分地区存在含量较高的样点。

对于 Ni 元素，总体来说，东部地区含量略高于西部地区，密云北部、通州西部以及平谷和延庆的部分地区样点含量较高。

对于 Cu 元素，总体来说，东部地区含量略高于西部地区，密云北部、通州西部以及平谷的部分地区样点含量较高。

对于 Zn 元素，总体来说，北部地区含量略高于南部地区，怀柔西南部、平谷西部、海淀北部、通州西部以及昌平的部分地区样点含量较高。

第五节　土壤重金属含量的频数与累积频率分布特征

如图 5-4 所示，按照土壤中 Cd、Hg、As、Pb、Cr、Ni、Cu、Zn 含量的高低将其分为若干个区间范围，计算得出各区间的频数和频率，再依次得出累积频率。虽然各元素含量呈现偏态分布，但是各个区间的频数统一表现为先增加后减少的规律。土壤中的 Cd、Hg、As、Pb、Cr、Ni、Cu、Zn 的含量集中分布在 0.1～0.2 mg/kg、0.03～0.05 mg/kg、5.0～8.0 mg/kg、20～23 mg/kg、50～60 mg/kg、20～25 mg/kg、20～25 mg/kg、60～70 mg/kg，

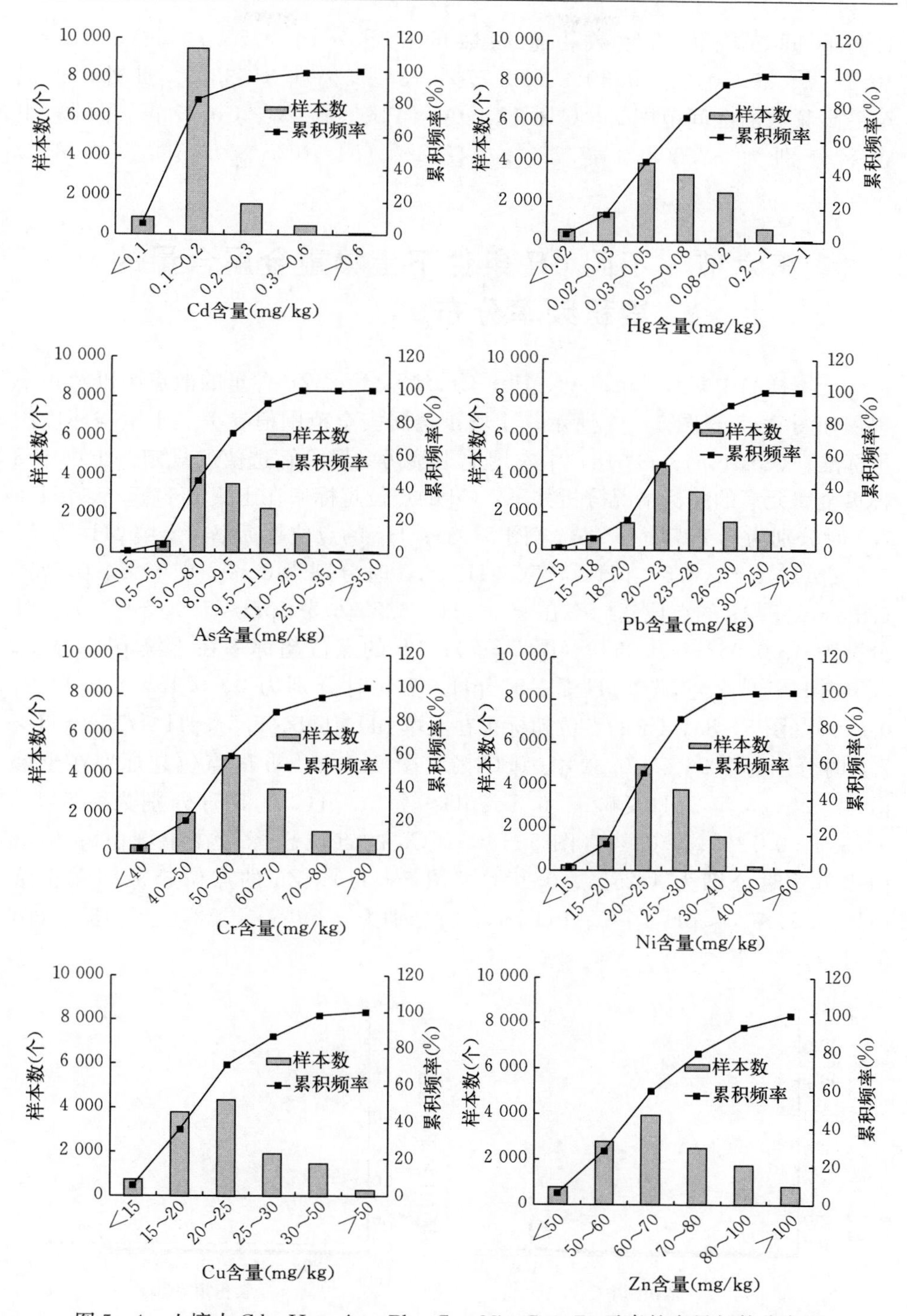

图 5-4　土壤中 Cd、Hg、As、Pb、Cr、Ni、Cu、Zn 元素的含量频数分布图

且各区间范围内的频数占总频数的比重分别为 75.75%、31.49%、40.14%、35.80%、39.30%、39.77%、34.75%和 31.33%。此外，累积至最高频数的区间范围时，Cd、Hg、As、Pb、Cr、Ni、Cu、Zn 含量的累积频率分别为 82.80%、47.75%、44.92%、54.70%、59.05%、54.78%、70.93%、59.74%。

第六节 不同 pH 条件下土壤重金属含量的累积频率分布

土壤样品中 Cd、Hg、As、Pb、Cr、Ni、Cu、Zn 含量的散点图以及频率累积如图 5-5 至图 5-12 所示。土壤重金属安全范围值参考《土壤与环境质量标准》（GB 15618—2018）中农用地土壤污染风险筛选值的规定。土壤中 8 种重金属元素的超标情况分析如下：Cd 的点位超标率在土壤 pH≤7.5、pH>7.5 时分别为 6.76%、0.73%（图 5-5）；Hg 的点位超标率在土壤 pH≤5.5、5.5<pH≤6.5、6.5<pH≤7.5、pH>7.5 时分别为 0、0、0.09%、0.07%（图 5-6）；As 的点位超标率在土壤 pH≤6.5、6.5<pH≤7.5、pH>7.5 时分别为 0、0.96%、0.06%（图 5-7）；Pb 的点位超标率在土壤 pH≤5.5、5.5<pH≤6.5、6.5<pH≤7.5、pH>7.5 时分别为 0、0.15%、0.49%、0.02%（图 5-8）；Cr 的点位超标率在土壤 pH≤6.5、6.5<pH≤7.5、pH>7.5 时分别为 1.26%、0.32%、0.02%（图 5-9）；Ni 的点位超标率在土壤 pH≤5.5、5.5<pH≤6.5、6.5<pH≤7.5、pH>7.5 时分别为 0.54%、0.73%、0.12%、0.02%（图 5-10）；Cu 的点位超标率在土壤 pH≤6.5、pH>6.5 时分别为 4.25%、0.25%（图 5-11）；Zn 的点位超标率在土壤 pH≤6.5、6.5<pH≤7.5、pH>7.5 时分别为 0.69%、0.72%、0.13%（图 5-12）。

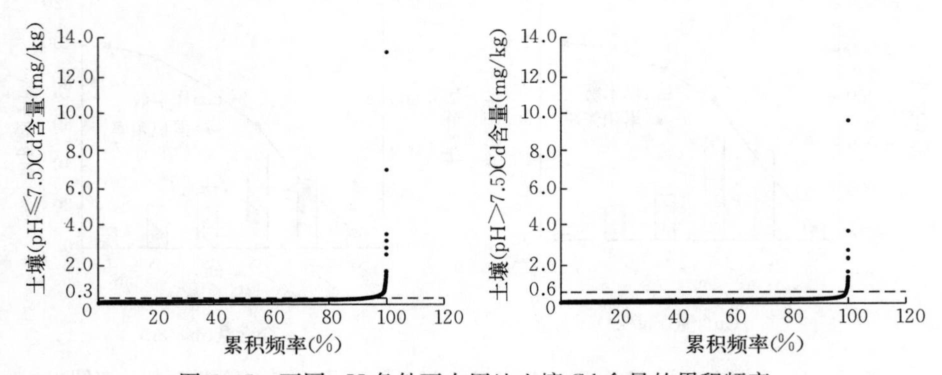

图 5-5 不同 pH 条件下农用地土壤 Cd 含量的累积频率

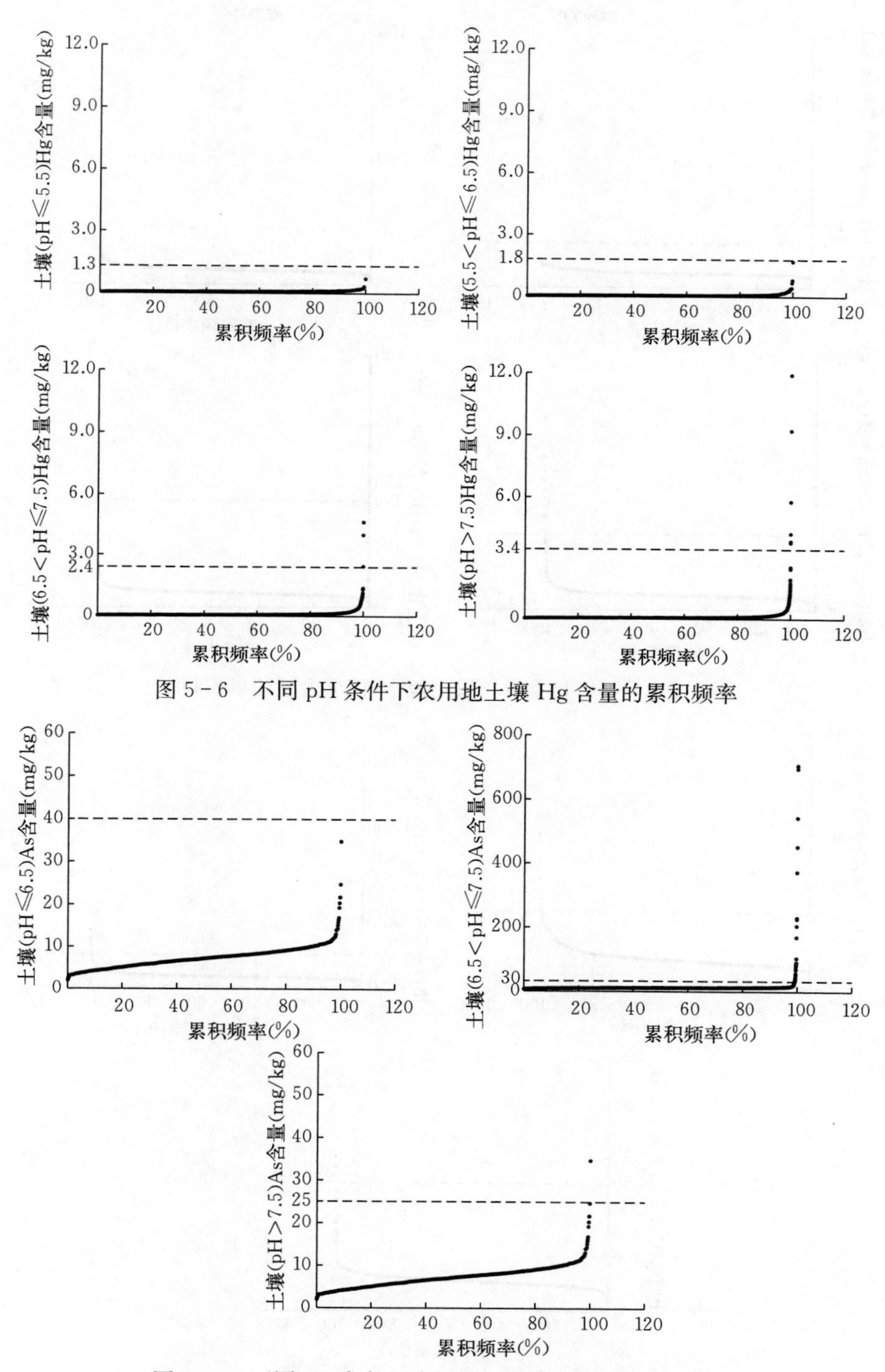

图 5-6　不同 pH 条件下农用地土壤 Hg 含量的累积频率

图 5-7　不同 pH 条件下农用地土壤 As 含量的累积频率

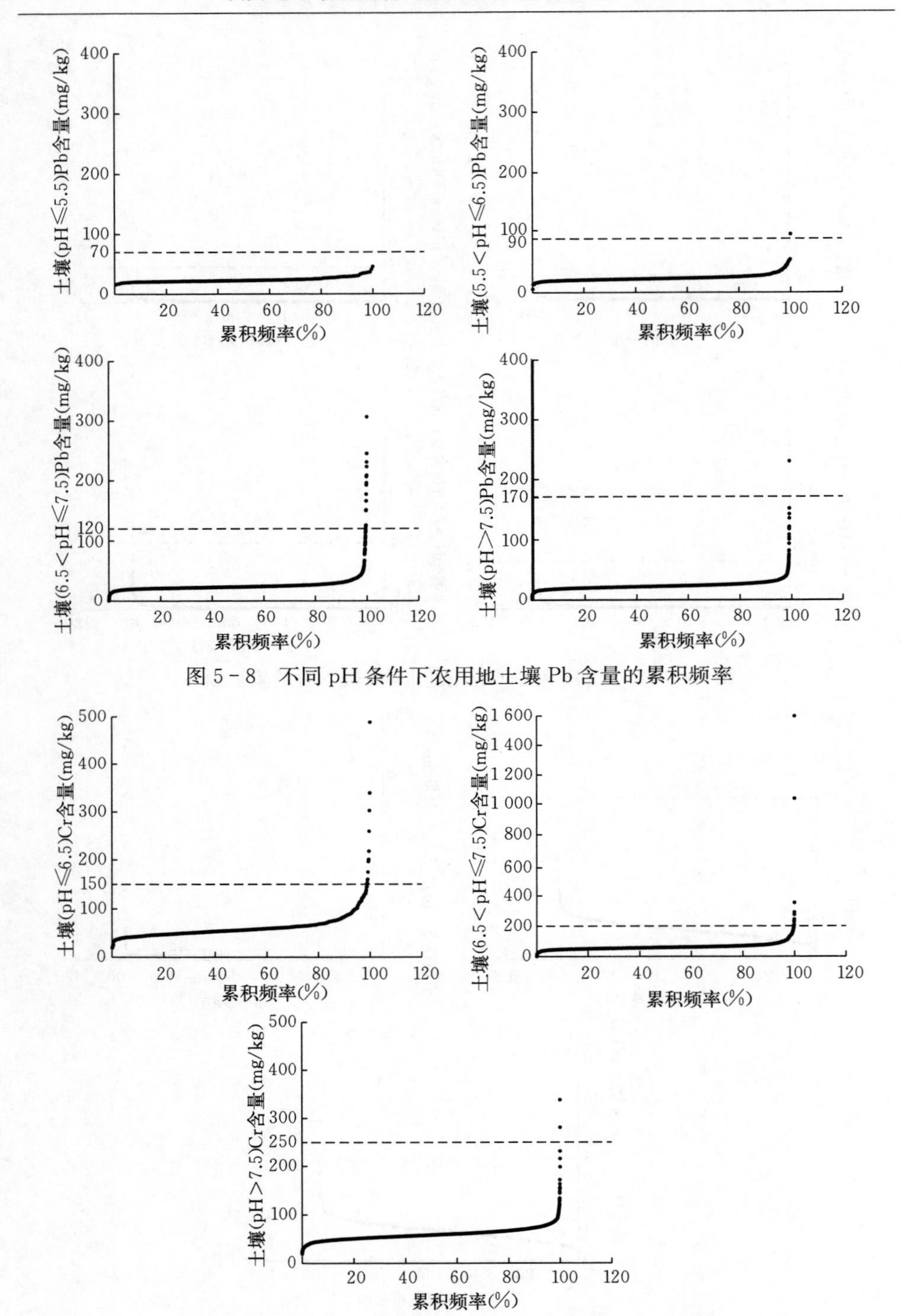

图 5-8 不同 pH 条件下农用地土壤 Pb 含量的累积频率

图 5-9 不同 pH 条件下农用地土壤 Cr 含量的累积频率

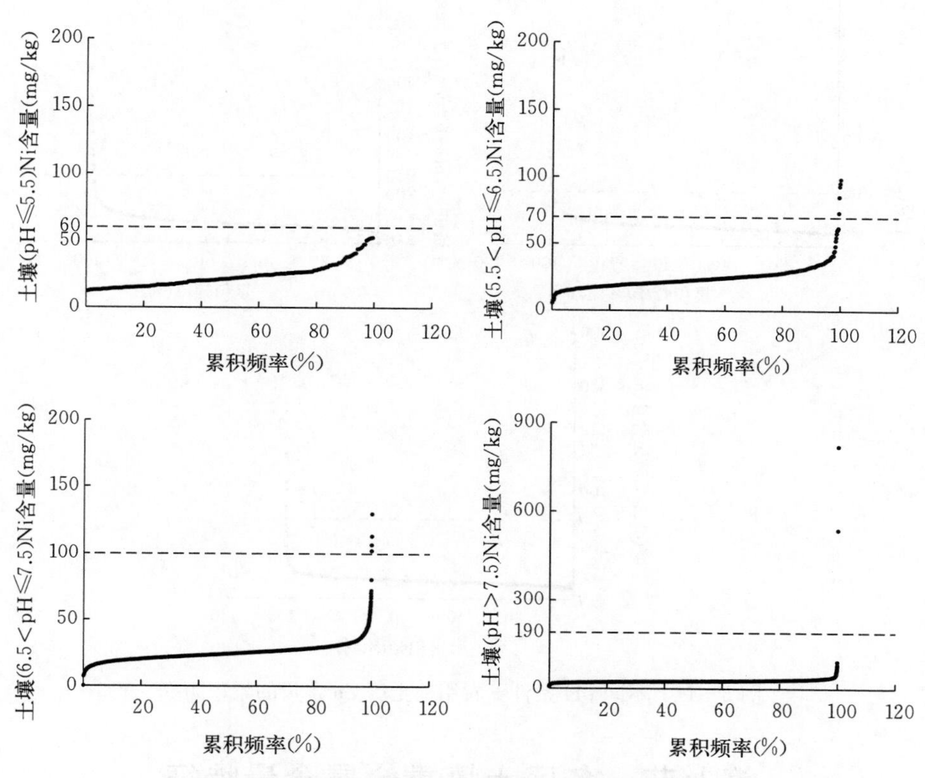

图 5-10　不同 pH 条件下农用地土壤 Ni 含量的累积频率

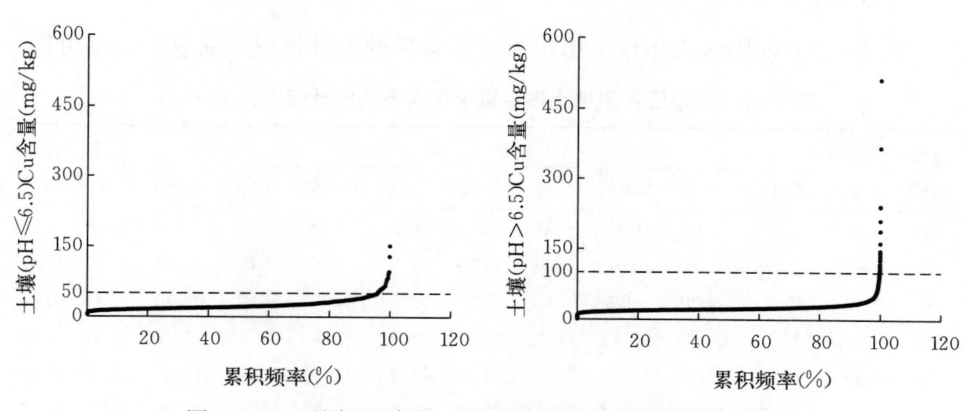

图 5-11　不同 pH 条件下农用地土壤 Cu 含量的累积频率

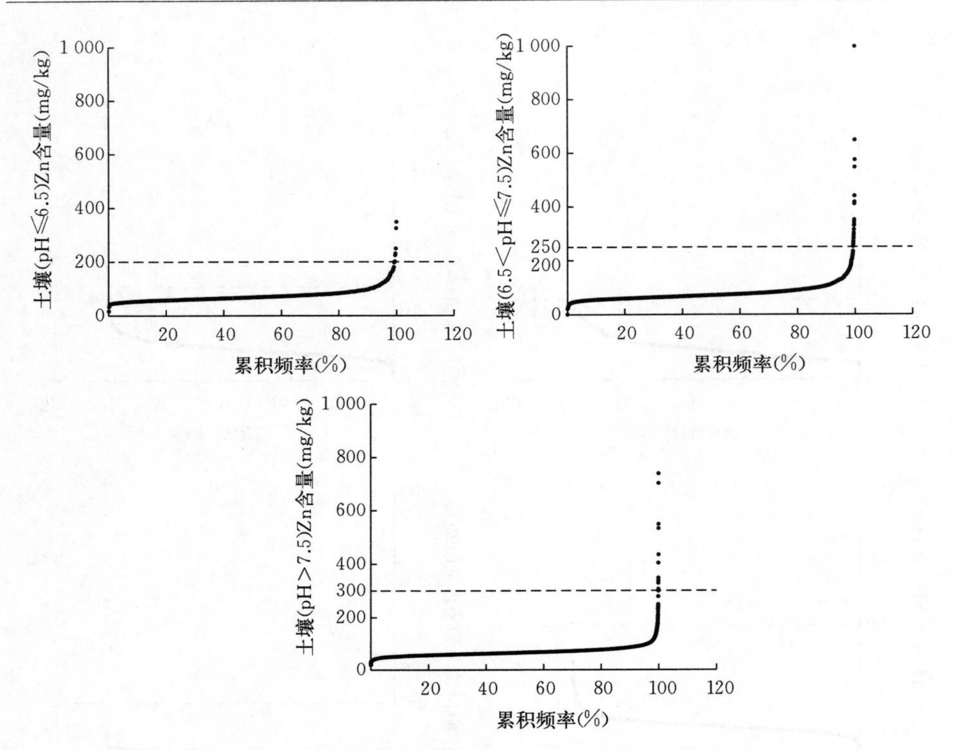

图 5-12 不同 pH 条件下农用地土壤 Zn 含量的累积频率

第七节 各区土壤重金属含量特征

一、朝阳区

表 5-2 为朝阳区农用地土壤中重金属含量的统计情况，从表中数据可得

表 5-2 朝阳区农用地土壤中重金属含量的统计情况（mg/kg）

监测指标	样点数（个）	顺序统计量									算术平均值	标准误差
		最小值	5%值	10%值	25%值	中位值	75%值	90%值	95%值	最大值		
Cd	49	0.08	0.08	0.09	0.10	0.15	0.21	0.28	1.35	9.58	0.39	1.36
Hg	49	0.03	0.06	0.07	0.11	0.25	0.42	0.60	0.80	1.00	0.29	0.22
As	49	5.74	6.29	6.58	7.08	7.97	8.73	9.43	9.81	10.40	8.01	1.05
Pb	49	19.43	20.05	20.73	24.23	28.38	31.18	32.90	34.71	54.72	28.16	5.64
Cr	49	45.96	46.66	48.02	50.07	53.67	58.12	93.86	112.44	140.20	60.31	19.60
Ni	49	16.09	19.24	19.51	21.01	22.56	25.28	26.29	27.05	27.20	22.86	2.53
Cu	49	15.06	18.22	20.37	23.51	28.19	32.23	36.34	37.51	37.93	27.68	5.77
Zn	49	48.62	54.15	55.85	67.98	76.18	100.06	117.13	127.89	133.97	84.00	21.22

出，朝阳区农用地土壤中 Cd、Hg、As、Pb、Cr、Ni、Cu、Zn 的含量范围分别为 0.08～9.58 mg/kg、0.03～1.00 mg/kg、5.74～10.40 mg/kg、19.43～54.72 mg/kg、45.96～140.20 mg/kg、16.09～27.20 mg/kg、15.06～37.93 mg/kg、48.62～133.97 mg/kg。Cd、Hg、As、Pb、Cr、Ni、Cu、Zn 含量的算术平均值分别为 0.39 mg/kg、0.29 mg/kg、8.01 mg/kg、28.16 mg/kg、60.31 mg/kg、22.86 mg/kg、27.68 mg/kg、84.00 mg/kg。

根据表中数据可以计算得出各个重金属含量的变异系数，按照变异系数结果的大小顺序，如 Cd>Hg>Cr>Zn>Cu>Pb>As>Ni，用 SigmaPlot 作图软件绘制了朝阳区土壤中 Cd、Hg、As、Pb、Cr、Ni、Cu、Zn 含量的盒状分布图，见图 5-13。从图中可以看出朝阳区土壤中 8 种元素的集中分布范围。总体而言，朝阳区 49 个土壤样本中，89.80%～97.96%比例的样本中 Cd、Hg、As、Pb、Cr、Ni、Cu、Zn 的含量值分别为 0～0.6 mg/kg、0～1.0 mg/kg、0～10 mg/kg、0～40 mg/kg、0～110 mg/kg、0～27 mg/kg、0～36 mg/kg、0～130 mg/kg。同时，土壤中 Cd、Hg、As、Pb、Cr、Ni、Cu、Zn 的 90%含量值分别是 10%含量值的 3.05 倍、8.47 倍、1.43 倍、1.59 倍、1.95 倍、1.35 倍、

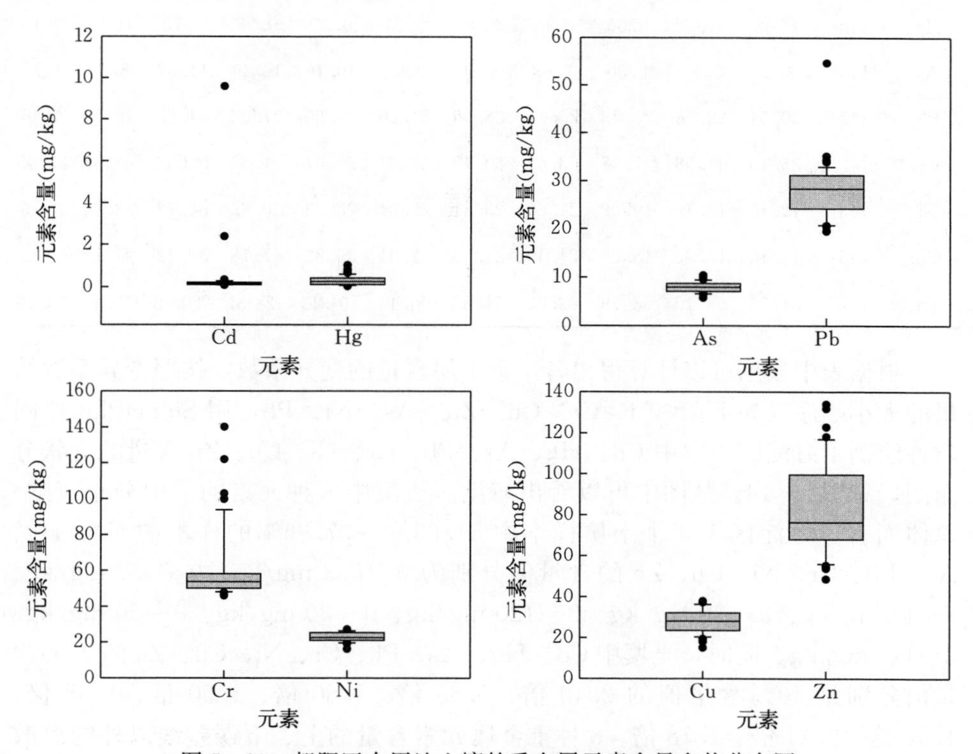

图 5-13　朝阳区农用地土壤的重金属元素含量盒状分布图

1.78 倍、2.09 倍。8 种重金属元素含量的上、下误差线以外的离散值中最大值与最小值相差 0.98～94.24 mg/kg。

二、海淀区

表 5-3 为海淀区农用地土壤中重金属含量的统计情况，从表中数据可得出，海淀区农用地土壤中 Cd、Hg、As、Pb、Cr、Ni、Cu、Zn 的含量范围分别为 0.09～0.51 mg/kg、0.02～0.78 mg/kg、3.27～11.67 mg/kg、20.54～44.62 mg/kg、35.48～243.69 mg/kg、12.15～38.72 mg/kg、14.19～59.22 mg/kg、51.96～220.78 mg/kg。Cd、Hg、As、Pb、Cr、Ni、Cu、Zn 含量的算术平均值分别为 0.15 mg/kg、0.19 mg/kg、8.54 mg/kg、28.78 mg/kg、63.55 mg/kg、23.80 mg/kg、27.81 mg/kg、79.43 mg/kg。

表 5-3　海淀区农用地土壤中重金属含量的统计情况（mg/kg）

监测指标	样点数（个）	顺序统计量									算术平均值	标准误差
		最小值	5%值	10%值	25%值	中位值	75%值	90%值	95%值	最大值		
Cd	143	0.09	0.10	0.10	0.11	0.12	0.16	0.24	0.31	0.51	0.15	0.08
Hg	143	0.02	0.05	0.06	0.10	0.16	0.24	0.37	0.58	0.78	0.19	0.15
As	143	3.27	5.64	6.36	7.63	8.86	9.66	10.16	10.40	11.67	8.54	1.55
Pb	143	20.54	22.58	23.73	25.41	28.06	31.26	35.60	37.02	44.62	28.78	4.46
Cr	143	35.48	41.98	47.98	53.63	60.40	67.64	80.67	91.87	243.69	63.55	20.99
Ni	143	12.15	16.70	19.02	21.66	23.81	26.04	28.83	30.83	38.72	23.80	3.96
Cu	143	14.19	15.95	18.05	21.49	24.93	32.91	39.82	47.18	59.22	27.81	9.09
Zn	143	51.96	56.12	58.79	63.50	71.88	90.44	104.42	128.31	220.78	79.43	23.50

根据表中数据可以计算得出各个重金属含量的变异系数，按照变异系数结果的大小顺序，如 Hg＞Cd＞Cr＞Cu＞Zn＞As＞Ni＞Pb，用 SigmaPlot 作图软件绘制了海淀区土壤中 Cd、Hg、As、Pb、Cr、Ni、Cu、Zn 含量的盒状分布图，见图 5-14。从图中可以看出海淀区土壤中 8 种元素的集中分布范围。总体而言，海淀区 143 个土壤样本中 81.63%～97.96%的样本中 Cd、Hg、As、Pb、Cr、Ni、Cu、Zn 的含量值分别为 0～0.3 mg/kg、0～0.7 mg/kg、0～11 mg/kg、0～36 mg/kg、0～120 mg/kg、0～30 mg/kg、0～50 mg/kg、0～120 mg/kg。同时，土壤中 Cd、Hg、As、Pb、Cr、Ni、Cu、Zn 的 90%含量值分别是 10%含量值的 2.49 倍、5.63 倍、1.60 倍、1.50 倍、1.68 倍、1.52 倍、2.21 倍、1.78 倍。8 种重金属元素含量的上、下误差线以外的离散值中最大值与最小值相差 0.43～208.21 mg/kg。

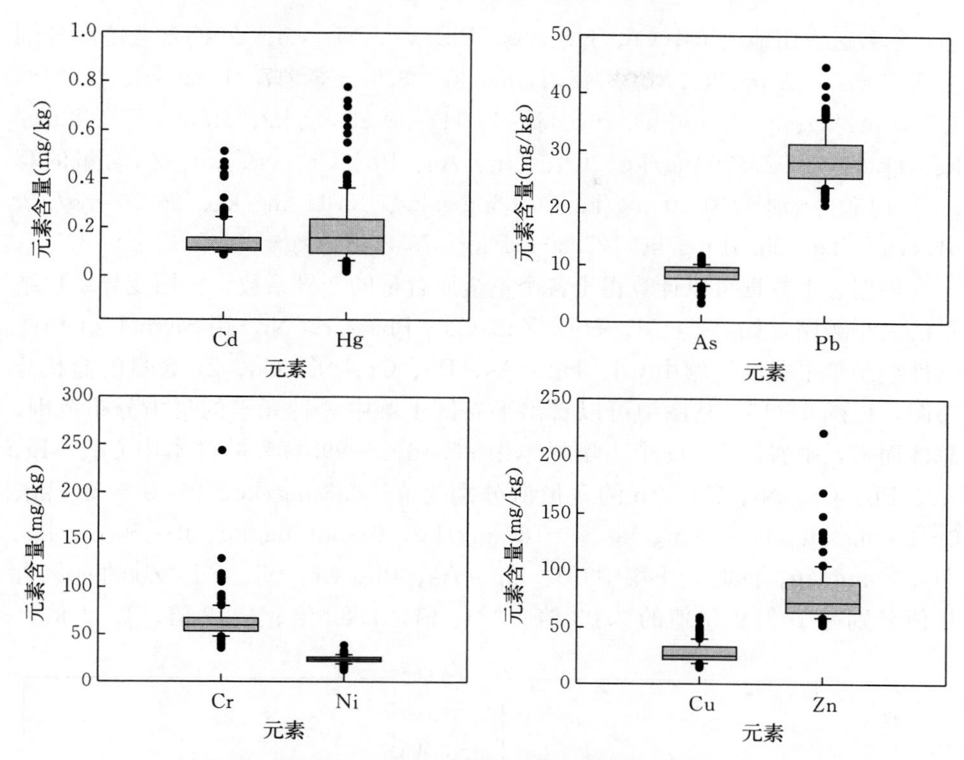

图 5-14　海淀区农用地土壤的重金属元素含量盒状分布图

三、平谷区

表 5-4 为平谷区农用地土壤中重金属含量的统计情况，从表中数据可得

表 5-4　平谷区农用地土壤中重金属含量的统计情况（mg/kg）

监测指标	样点数（个）	顺序统计量									算术平均值	标准误差
		最小值	5%值	10%值	25%值	中位值	75%值	90%值	95%值	最大值		
Cd	1 499	0.07	0.11	0.12	0.13	0.16	0.19	0.24	0.31	13.22	0.20	0.42
Hg	1 499	0.01	0.03	0.03	0.04	0.05	0.07	0.09	0.13	1.11	0.06	0.07
As	1 499	3.67	6.43	6.80	7.61	8.72	10.12	12.46	15.21	2 917.21	15.11	90.58
Pb	1 499	12.84	19.63	20.37	21.49	22.86	24.93	30.25	42.07	306.48	26.70	19.45
Cr	1 499	37.65	47.11	49.25	53.34	59.54	66.25	74.42	82.97	171.03	61.47	12.63
Ni	1 499	15.11	19.90	21.15	23.60	26.34	28.91	31.71	33.53	70.22	26.51	4.45
Cu	1 499	11.71	16.74	18.00	20.37	23.63	28.52	36.99	47.21	511.68	27.50	20.45
Zn	1 499	41.67	52.56	55.55	61.37	68.40	76.82	91.43	105.70	2 027.70	75.33	63.55

出，平谷区农用地土壤中 Cd、Hg、As、Pb、Cr、Ni、Cu、Zn 的含量范围分别为 0.07～13.22 mg/kg、0.01～1.11 mg/kg、3.67～2 917.21 mg/kg、12.84～306.48 mg/kg、37.65～171.03 mg/kg、15.11～70.22 mg/kg、11.71～511.68 mg/kg、41.67～2 027.70 mg/kg。Cd、Hg、As、Pb、Cr、Ni、Cu、Zn 含量的算术平均值分别为 0.20 mg/kg、0.06 mg/kg、15.11 mg/kg、26.70 mg/kg、61.47 mg/kg、26.51 mg/kg、27.50 mg/kg、75.33 mg/kg。

根据表中数据可以计算得出各个重金属含量的变异系数，按照变异系数结果的大小顺序，如 As>Cd>Hg>Zn>Cu>Pb>Cr>Ni，用 SigmaPlot 作图软件绘制了平谷区土壤中 Cd、Hg、As、Pb、Cr、Ni、Cu、Zn 含量的盒状分布图，见图 5-15。从图中可以看出平谷区土壤中 8 种元素的集中分布范围。总体而言，平谷区 1 499 个土壤样本中 93.46%～99.47%的样本中 Cd、Hg、As、Pb、Cr、Ni、Cu、Zn 的含量值分别为 0～0.3 mg/kg、0～0.5 mg/kg、0～25 mg/kg、0～70 mg/kg、0～80 mg/kg、0～40 mg/kg、0～50 mg/kg、0～200 mg/kg。同时，土壤中 Cd、Hg、As、Pb、Cr、Ni、Cu、Zn 的 90%含量值分别是 10%含量值的 2.03 倍、3.10 倍、1.83 倍、1.48 倍、1.51 倍、

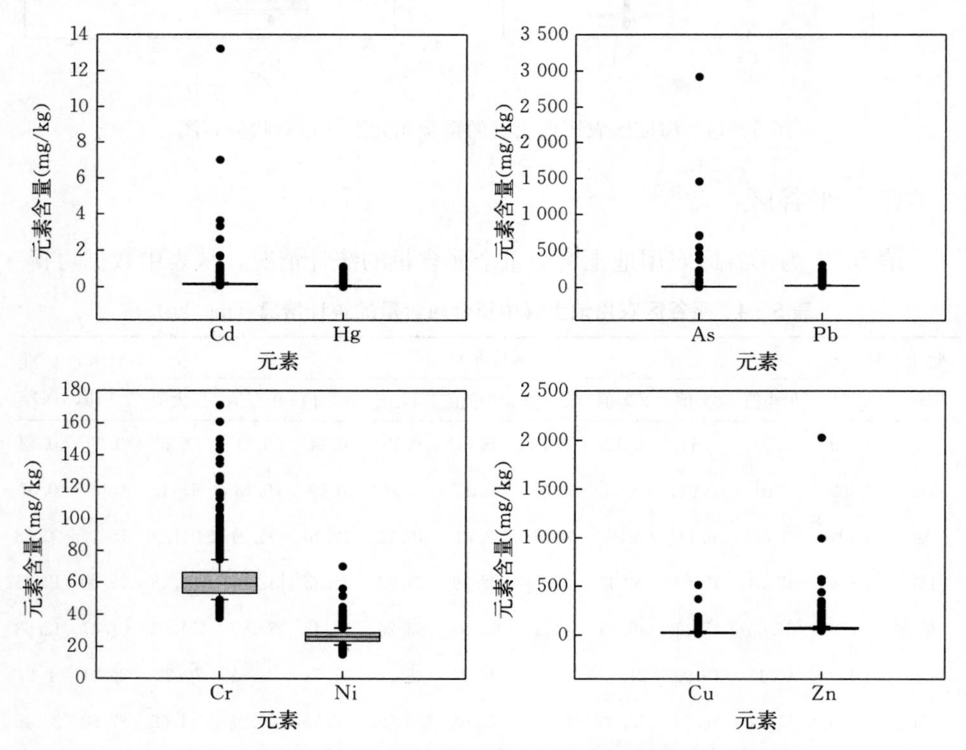

图 5-15　平谷区农用地土壤的重金属元素含量盒状分布图

1.50 倍、2.06 倍、1.65 倍。8 种重金属元素含量的上、下误差线以外的离散值中最大值与最小值相差 1.11～2 913.54 mg/kg。

四、门头沟区

表 5-5 为门头沟区农用地土壤中重金属含量的统计情况，从表中数据可得出，门头沟区农用地土壤中 Cd、Hg、As、Pb、Cr、Ni、Cu、Zn 的含量范围分别为 0.08～0.17 mg/kg、0.01～1.36 mg/kg、6.09～15.33 mg/kg、18.07～38.93 mg/kg、39.53～108.30 mg/kg、16.36～34.21 mg/kg、15.62～79.91 mg/kg、51.13～162.00 mg/kg。Cd、Hg、As、Pb、Cr、Ni、Cu、Zn 含量的算术平均值分别为 0.12 mg/kg、0.11 mg/kg、9.30 mg/kg、23.92 mg/kg、64.05 mg/kg、26.25 mg/kg、24.24 mg/kg、75.23 mg/kg。

表 5-5　门头沟区农用地土壤中重金属含量的统计情况（mg/kg）

监测指标	样点数（个）	顺序统计量									算术平均值	标准误差
		最小值	5%值	10%值	25%值	中位值	75%值	90%值	95%值	最大值		
Cd	102	0.08	0.09	0.10	0.11	0.12	0.13	0.14	0.15	0.17	0.12	0.02
Hg	102	0.01	0.01	0.03	0.05	0.07	0.13	0.20	0.30	1.36	0.11	0.15
As	102	6.09	7.06	7.43	8.22	9.37	10.23	11.13	11.97	15.33	9.30	1.51
Pb	102	18.07	19.07	19.85	21.59	23.68	25.70	27.65	29.15	38.93	23.92	3.40
Cr	102	39.53	51.89	53.79	58.65	64.86	68.58	72.73	73.98	108.30	64.05	8.16
Ni	102	16.36	21.36	22.16	24.17	26.40	28.32	29.82	31.15	34.21	26.25	3.01
Cu	102	15.62	18.14	19.07	20.86	22.98	25.79	29.40	35.31	79.91	24.24	7.18
Zn	102	51.13	56.08	57.37	63.83	71.38	82.24	94.53	109.54	162.00	75.23	17.89

根据表中数据可以计算得出各个重金属含量的变异系数，按照变异系数结果的大小顺序，如 Hg>Cu>Zn>As>Pb>Cd>Cr>Ni，用 SigmaPlot 作图软件绘制了门头沟区土壤中 Cd、Hg、As、Pb、Cr、Ni、Cu、Zn 含量的盒状分布图，见图 5-16。从图中可以看出门头沟区土壤中 8 种元素的集中分布范围。总体而言，门头沟区 102 个土壤样本中 85.29%～99.02%的样本中 Cd、Hg、As、Pb、Cr、Ni、Cu、Zn 的含量值分别为 0～0.13 mg/kg、0～0.4 mg/kg、0～15 mg/kg、0～30 mg/kg、0～80 mg/kg、0～34 mg/kg、0～36 mg/kg、0～110 mg/kg。同时，土壤中 Cd、Hg、As、Pb、Cr、Ni、Cu、Zn 的 90%含量值分别是 10%含量值的 1.38 倍、7.13 倍、1.50 倍、1.39 倍、1.35 倍、1.35 倍、1.54 倍、1.65 倍。8 种重金属元素含量的上、下误差线以外的离散值中最大值与最小值相差 0.09～110.87 mg/kg。

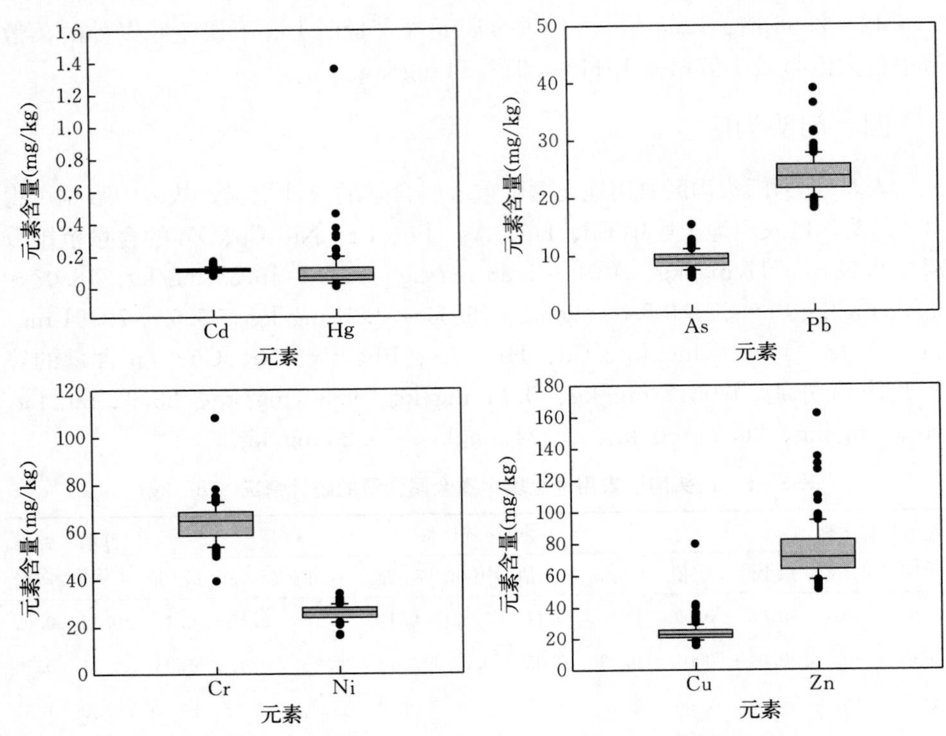

图 5-16　门头沟区农用地土壤的重金属元素含量盒状分布图

五、房山区

表 5-6 为房山区农用地土壤中重金属含量的统计情况，从表中数据可得

表 5-6　房山区农用地土壤中重金属含量的统计情况（mg/kg）

监测指标	样点数（个）	顺序统计量									算术平均值	标准误差
		最小值	5%值	10%值	25%值	中位值	75%值	90%值	95%值	最大值		
Cd	1 595	0.07	0.09	0.09	0.11	0.15	0.19	0.28	0.38	3.78	0.18	0.17
Hg	1 595	0.004	0.02	0.03	0.05	0.07	0.10	0.17	0.28	4.61	0.10	0.16
As	1 595	2.42	4.32	5.07	6.82	8.50	9.96	11.22	12.08	50.59	8.42	2.72
Pb	1 595	8.51	14.67	16.91	20.12	22.71	25.89	30.73	34.84	123.50	23.71	7.76
Cr	1 595	15.45	41.53	44.87	51.57	58.88	65.12	71.06	75.45	197.20	58.73	11.20
Ni	1 595	8.71	18.43	20.13	22.64	25.18	27.76	30.68	32.58	43.51	25.32	4.21
Cu	1 595	9.01	14.87	17.47	19.98	22.53	26.06	31.68	36.00	210.70	24.02	8.95
Zn	1 595	32.51	50.90	54.84	60.91	68.72	80.06	93.45	106.84	403.40	72.95	21.41

出，房山区农用地土壤中 Cd、Hg、As、Pb、Cr、Ni、Cu、Zn 的含量范围分别为 0.07～3.78 mg/kg、0.004～4.61 mg/kg、2.42～50.59 mg/kg、8.51～123.50 mg/kg、15.45～197.20 mg/kg、8.71～43.51 mg/kg、9.01～210.70 mg/kg、32.51～403.40 mg/kg。Cd、Hg、As、Pb、Cr、Ni、Cu、Zn 含量的算术平均值分别为 0.18 mg/kg、0.10 mg/kg、8.42 mg/kg、23.71 mg/kg、58.73 mg/kg、25.32 mg/kg、24.02 mg/kg、72.95 mg/kg。

根据表中数据可以计算得出各个重金属含量的变异系数，按照变异系数结果的大小顺序，如 Hg>Cd>Cu>Pb>As>Zn>Cr>Ni，用 SigmaPlot 作图软件绘制了房山区土壤中 Cd、Hg、As、Pb、Cr、Ni、Cu、Zn 含量的盒状分布图，见图 5-17。从图中可以看出房山区土壤中 8 种元素的集中分布范围。总体而言，房山区 1 595 个土壤样本中 86.39%～98.12%的样本中 Cd、Hg、As、Pb、Cr、Ni、Cu、Zn 的含量值分别为 0～0.6 mg/kg、0～0.5 mg/kg、0～13 mg/kg、0～30 mg/kg、0～80 mg/kg、0～33 mg/kg、0～30 mg/kg、0～110 mg/kg。同时，土壤中 Cd、Hg、As、Pb、Cr、Ni、Cu、Zn 的 90%含量值分别是 10%含量值的 2.96 倍、5.78 倍、2.21 倍、1.82 倍、1.58 倍、

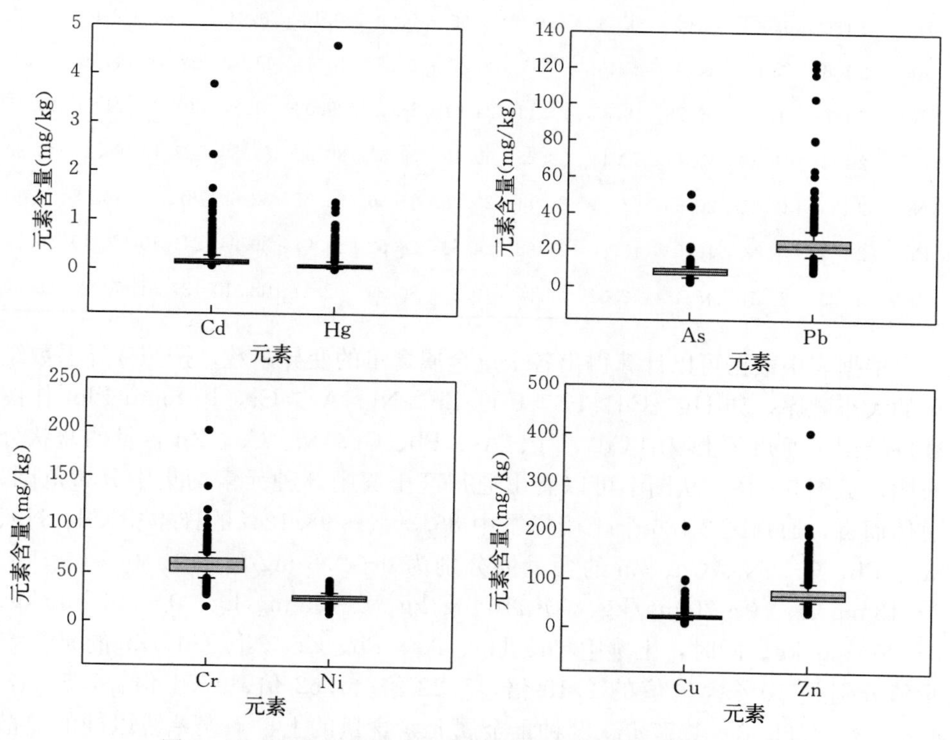

图 5-17　房山区农用地土壤的重金属元素含量盒状分布图

1.52倍、1.81倍、1.70倍。8种重金属元素含量的上、下误差线以外的离散值中最大值与最小值相差3.71～370.89 mg/kg。

六、通州区

表5－7为通州区农用地土壤中重金属含量的统计情况，从表中数据可得出，通州区农用地土壤中Cd、Hg、As、Pb、Cr、Ni、Cu、Zn的含量范围分别为0.05～1.31 mg/kg、0.004～1.92 mg/kg、3.10～22.48 mg/kg、1.18～407.99 mg/kg、19.30～227.19 mg/kg、12.15～81.54 mg/kg、6.80～241.10 mg/kg、25.10～737.51 mg/kg。Cd、Hg、As、Pb、Cr、Ni、Cu、Zn含量的算术平均值分别为0.18 mg/kg、0.09 mg/kg、8.40 mg/kg、24.36 mg/kg、66.43 mg/kg、28.58 mg/kg、26.19 mg/kg、73.20 mg/kg。

表5－7　通州区农用地土壤中重金属含量的统计情况（mg/kg）

监测指标	样点数（个）	顺序统计量									算术平均值	标准误差
		最小值	5%值	10%值	25%值	中位值	75%值	90%值	95%值	最大值		
Cd	2 186	0.05	0.09	0.11	0.13	0.16	0.20	0.23	0.28	1.31	0.18	0.08
Hg	2 186	0.004	0.02	0.03	0.04	0.06	0.09	0.16	0.24	1.92	0.09	0.13
As	2 186	3.10	6.02	6.46	7.27	8.27	9.38	10.44	11.13	22.48	8.40	1.64
Pb	2 186	1.18	16.78	18.85	21.43	24.01	26.42	29.02	31.27	407.99	24.36	10.27
Cr	2 186	19.30	49.11	52.44	58.25	65.46	73.32	80.99	85.89	227.19	66.43	12.80
Ni	2 186	12.15	20.53	22.01	24.74	28.08	31.56	35.72	38.60	81.54	28.58	5.71
Cu	2 186	6.80	16.94	18.30	21.08	24.59	28.52	33.91	39.94	241.10	26.19	10.54
Zn	2 186	25.10	48.11	52.34	60.96	70.25	80.29	92.41	102.10	737.51	73.20	28.02

根据表中数据可以计算得出各个重金属含量的变异系数，按照变异系数结果的大小顺序，如Hg＞Cd＞Pb＞Cu＞Zn＞Ni＞As＞Cr，用SigmaPlot作图软件绘制了通州区土壤中Cd、Hg、As、Pb、Cr、Ni、Cu、Zn含量的盒状分布图，见图5－18。从图中可以看出通州区土壤中8种元素的集中分布范围。总体而言，通州区2 186个土壤样本中86.39%～98.12%的样本中Cd、Hg、As、Pb、Cr、Ni、Cu、Zn的含量值分别为0～0.6 mg/kg、0～0.5 mg/kg、0～13 mg/kg、0～70 mg/kg、0～110 mg/kg、0～55 mg/kg、0～100 mg/kg、0～200 mg/kg。同时，土壤中Cd、Hg、As、Pb、Cr、Ni、Cu、Zn的90%含量值分别是10%含量值的2.19倍、5.22倍、1.62倍、1.54倍、1.54倍、1.62倍、1.85倍、1.77倍。8种重金属元素含量的上、下误差线以外的离散值中最大值与最小值相差1.26～712.42 mg/kg。

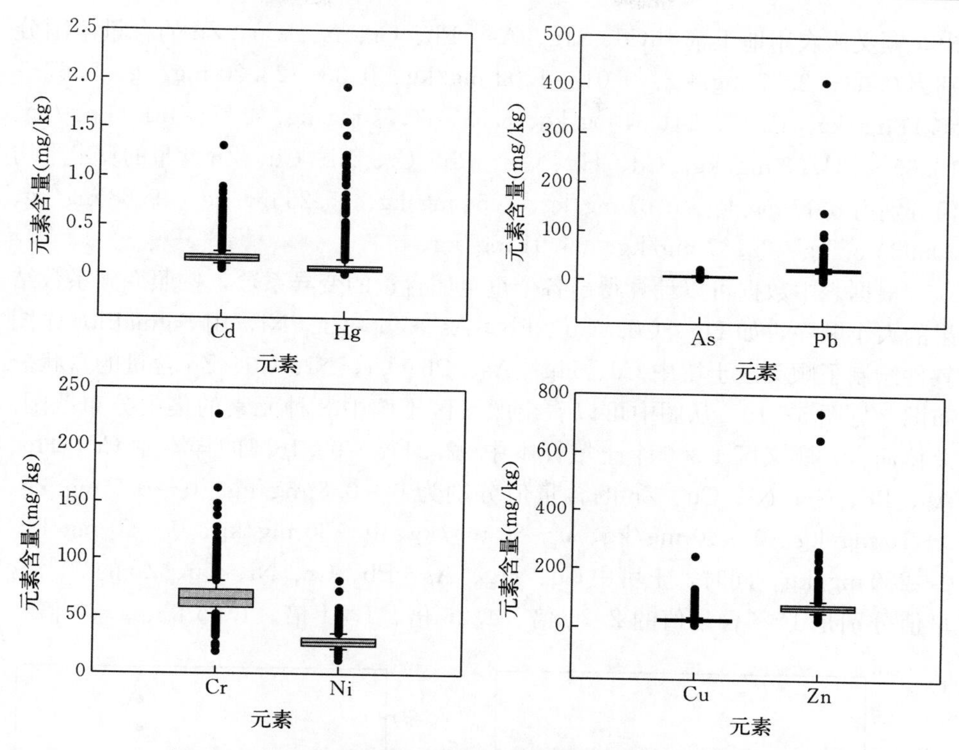

图 5-18　通州区农用地土壤的重金属元素含量盒状分布图

七、顺义区

表 5-8 为顺义区农用地土壤中重金属含量的统计情况，从表中数据可得

表 5-8　顺义区农用地土壤中重金属含量的统计情况（mg/kg）

监测指标	样点数（个）	顺序统计量									算术平均值	标准误差
		最小值	5%值	10%值	25%值	中位值	75%值	90%值	95%值	最大值		
Cd	1 306	0.03	0.10	0.11	0.12	0.14	0.17	0.24	0.30	2.77	0.17	0.12
Hg	1 306	0.01	0.02	0.03	0.03	0.04	0.07	0.11	0.15	1.02	0.07	0.08
As	1 306	0.35	5.02	5.61	6.46	7.43	8.38	9.62	10.53	23.20	7.54	1.77
Pb	1 306	5.67	18.32	19.94	21.53	23.78	27.70	32.93	36.99	86.11	25.26	6.31
Cr	1 306	15.47	31.51	35.84	44.00	49.92	56.07	62.09	66.99	141.34	49.88	10.97
Ni	1 306	5.33	12.66	15.67	18.55	20.84	23.28	26.04	27.93	60.55	20.93	4.77
Cu	1 306	4.27	14.25	15.44	17.18	19.69	23.49	31.32	39.29	151.11	22.37	10.78
Zn	1 306	16.55	38.99	44.78	51.90	59.80	70.56	89.62	114.62	434.03	65.91	29.06

出，顺义区农用地土壤中 Cd、Hg、As、Pb、Cr、Ni、Cu、Zn 的含量范围分别为 0.03～2.77 mg/kg、0.01～1.02 mg/kg、0.35～23.20 mg/kg、5.67～86.11 mg/kg、15.47～141.34 mg/kg、5.33～60.55 mg/kg、4.27～151.11 mg/kg、16.55～434.03 mg/kg。Cd、Hg、As、Pb、Cr、Ni、Cu、Zn 含量的算术平均值分别为 0.17 mg/kg、0.07 mg/kg、7.54 mg/kg、25.26 mg/kg、49.88 mg/kg、20.93 mg/kg、22.37 mg/kg、65.91 mg/kg。

根据表中数据可以计算得出各个重金属含量的变异系数，按照变异系数结果的大小顺序，如 Hg>Cd>Cu>Pb>As>Zn>Cr>Ni，用 SigmaPlot 作图软件绘制了顺义区土壤中 Cd、Hg、As、Pb、Cr、Ni、Cu、Zn 含量的盒状分布图，见图 5-19。从图中可以看出顺义区土壤中 8 种元素的集中分布范围。总体而言，顺义区 1 306 个土壤样本中 92.34%～99.16%的样本中 Cd、Hg、As、Pb、Cr、Ni、Cu、Zn 的含量值分别为 0～0.6 mg/kg、0～0.5 mg/kg、0～10 mg/kg、0～40 mg/kg、0～80 mg/kg、0～30 mg/kg、0～50 mg/kg、0～200 mg/kg。同时，土壤中 Cd、Hg、As、Pb、Cr、Ni、Cu、Zn 的 90%含量值分别是 10%含量值的 2.21 倍、4.26 倍、1.71 倍、1.65 倍、1.73 倍、

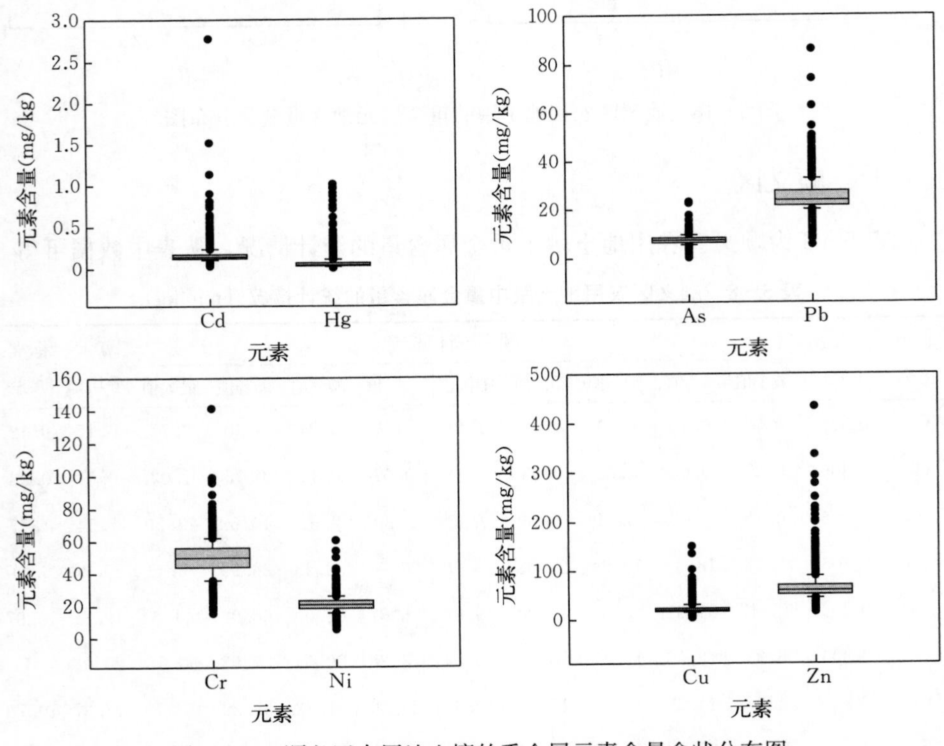

图 5-19　顺义区农用地土壤的重金属元素含量盒状分布图

1.66 倍、2.03 倍、2.00 倍。8 种重金属元素含量的上、下误差线以外的离散值中最大值与最小值相差 1.01～417.48 mg/kg。

八、昌平区

表 5-9 为昌平区农用地土壤中重金属含量的统计情况，从表中数据可得出，昌平区农用地土壤中 Cd、Hg、As、Pb、Cr、Ni、Cu、Zn 的含量范围分别为 0.05～1.31 mg/kg、0.02～2.54 mg/kg、4.65～14.79 mg/kg、2.34～59.28 mg/kg、6.55～337.58 mg/kg、5.96～50.10 mg/kg、3.49～96.10 mg/kg、18.29～701.18 mg/kg。Cd、Hg、As、Pb、Cr、Ni、Cu、Zn 含量的算术平均值分别为 0.23 mg/kg、0.14 mg/kg、8.76 mg/kg、26.14 mg/kg、66.01 mg/kg、23.50 mg/kg、26.91 mg/kg、107.11 mg/kg。

表 5-9　昌平区农用地土壤中重金属含量的统计情况（mg/kg）

监测指标	样点数（个）	顺序统计量									算术平均值	标准误差
		最小值	5%值	10%值	25%值	中位值	75%值	90%值	95%值	最大值		
Cd	371	0.05	0.13	0.14	0.16	0.19	0.25	0.31	0.42	1.31	0.23	0.13
Hg	371	0.02	0.04	0.05	0.07	0.09	0.13	0.22	0.40	2.54	0.14	0.20
As	371	4.65	5.96	6.57	7.46	8.66	9.94	11.17	11.91	14.79	8.76	1.76
Pb	371	2.34	17.63	19.47	22.11	24.99	29.34	34.59	38.64	59.28	26.14	7.12
Cr	371	6.55	42.51	47.01	51.60	57.93	66.42	83.00	137.36	337.58	66.01	35.61
Ni	371	5.96	13.06	15.04	21.32	24.08	26.24	28.53	30.75	50.10	23.50	5.83
Cu	371	3.49	15.44	17.93	19.95	23.23	28.67	40.46	49.16	96.10	26.91	13.32
Zn	371	18.29	56.31	60.93	70.86	84.98	118.25	166.97	221.87	701.18	107.11	72.39

根据表中数据可以计算得出各个重金属含量的变异系数，按照变异系数结果的大小顺序，如 Hg＞Zn＞Cd＞Cr＞Cu＞Pb＞Ni＞As，用 SigmaPlot 作图软件绘制了昌平区土壤中 Cd、Hg、As、Pb、Cr、Ni、Cu、Zn 含量的盒状分布图，见图 5-20。从图中可以看出昌平区土壤中 8 种元素的集中分布范围。总体而言，昌平区 371 个土壤样本中 77.63%～98.38%的样本中 Cd、Hg、As、Pb、Cr、Ni、Cu、Zn 的含量值分别位于 0～0.3 mg/kg、0～0.5 mg/kg、0～12 mg/kg、0～40 mg/kg、0～150 mg/kg、0～40 mg/kg、0～50 mg/kg、0～250 mg/kg。同时，土壤中 Cd、Hg、As、Pb、Cr、Ni、Cu、Zn 的 90%含量值分别是 10%含量值的 2.24 倍、4.49 倍、1.70 倍、1.78 倍、1.77 倍、1.90 倍、2.26 倍、2.74 倍。8 种重金属元素含量的上、下误差线以外的离散值中最大值与最小值相差 1.25～682.89 mg/kg。

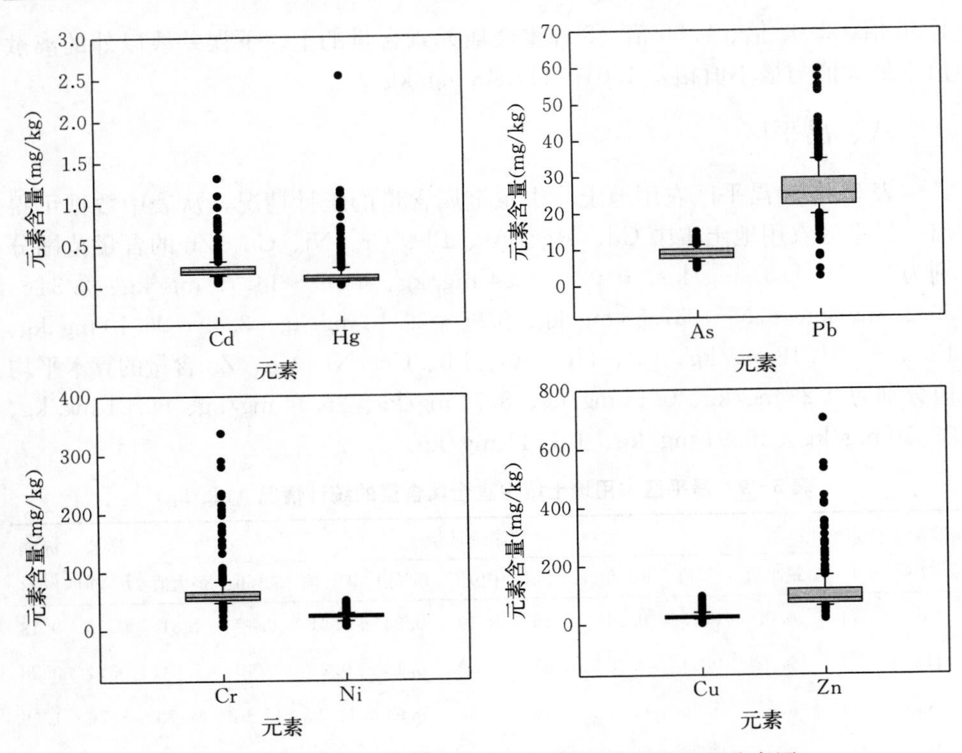

图 5-20 昌平区农用地土壤的重金属元素含量盒状分布图

九、大兴区

表 5-10 为大兴区农用地土壤中重金属含量的统计情况，从表中数据可得

表 5-10 大兴区农用地土壤中重金属含量的统计情况（mg/kg）

监测指标	样点数（个）	顺序统计量									算术平均值	标准误差
		最小值	5%值	10%值	25%值	中位值	75%值	90%值	95%值	最大值		
Cd	1 677	0.07	0.09	0.10	0.11	0.13	0.15	0.19	0.23	0.73	0.14	0.05
Hg	1 677	0.01	0.02	0.02	0.03	0.04	0.06	0.09	0.13	2.44	0.05	0.08
As	1 677	3.61	5.44	5.95	6.80	7.66	8.54	9.49	10.03	14.38	7.69	1.39
Pb	1 677	14.66	16.27	16.94	18.18	19.62	21.12	22.64	23.54	70.20	19.75	2.52
Cr	1 677	40.52	48.65	50.77	54.22	58.04	61.49	65.70	69.20	96.12	58.14	5.96
Ni	1 677	15.75	19.29	19.98	21.44	23.20	25.04	26.75	27.71	63.07	23.35	2.85
Cu	1 677	10.03	13.57	14.52	16.32	18.32	20.89	23.78	25.86	73.27	19.10	5.01
Zn	1 677	39.54	47.42	49.89	54.51	59.84	65.94	73.65	80.10	171.60	61.40	11.40

出，大兴区农用地土壤中Cd、Hg、As、Pb、Cr、Ni、Cu、Zn的含量范围分别为0.07～0.73 mg/kg、0.01～2.44 mg/kg、3.61～14.38 mg/kg、14.66～70.20 mg/kg、40.52～96.12 mg/kg、15.75～63.07 mg/kg、10.03～73.27 mg/kg、39.54～171.60 mg/kg。Cd、Hg、As、Pb、Cr、Ni、Cu、Zn含量的算术平均值分别为0.14 mg/kg、0.05 mg/kg、7.69 mg/kg、19.75 mg/kg、58.14 mg/kg、23.35 mg/kg、19.10 mg/kg、61.40 mg/kg。

根据表中数据可以计算得出各个重金属含量的变异系数，按照变异系数结果的大小顺序，如Hg>Cd>Cu>Zn>As>Pb>Ni>Cr，用SigmaPlot作图软件绘制了大兴区土壤中Cd、Hg、As、Pb、Cr、Ni、Cu、Zn含量的盒状分布图，见图5-21。从图中可以看出大兴区土壤中8种元素的集中分布范围。总体而言，大兴区1 677个土壤样本中94.81%～99.64%的样本中Cd、Hg、As、Pb、Cr、Ni、Cu、Zn的含量值分别为0～0.3 mg/kg、0～0.5 mg/kg、0～10 mg/kg、0～24 mg/kg、0～70 mg/kg、0～30 mg/kg、0～30 mg/kg、0～100 mg/kg。同时，土壤中Cd、Hg、As、Pb、Cr、Ni、Cu、Zn的90%含量值分别是10%含量值的1.81倍、5.30倍、1.60倍、1.34倍、1.29倍、

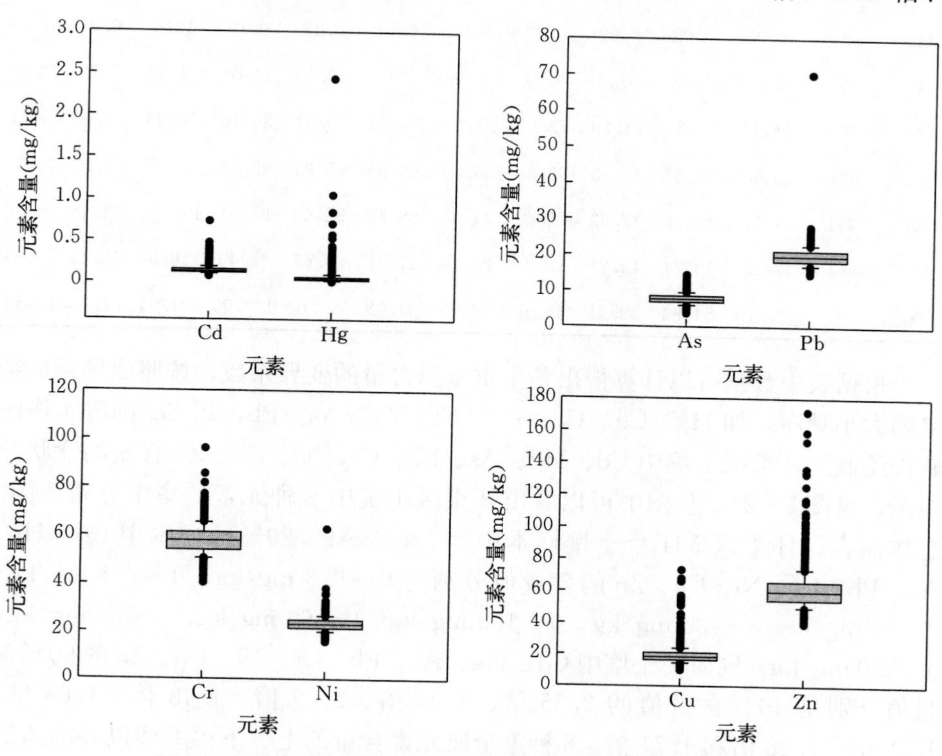

图5-21　大兴区农用地土壤的重金属元素含量盒状分布图

1.34倍、1.64倍、1.48倍。8种重金属元素含量的上、下误差线以外的离散值中最大值与最小值相差0.66～132.06 mg/kg。

十、怀柔区

表5-11为怀柔区农用地土壤中重金属含量的统计情况，从表中数据可得出，怀柔区农用地土壤中Cd、Hg、As、Pb、Cr、Ni、Cu、Zn的含量范围分别为0.05～1.42 mg/kg、0.01～1.15 mg/kg、2.04～14.56 mg/kg、13.19～75.28 mg/kg、21.61～354.27 mg/kg、6.74～106.58 mg/kg、7.25～126.56 mg/kg、27.10～301.61 mg/kg。Cd、Hg、As、Pb、Cr、Ni、Cu、Zn含量的算术平均值分别为0.19 mg/kg、0.07 mg/kg、7.72 mg/kg、25.60 mg/kg、61.57 mg/kg、25.46 mg/kg、25.14 mg/kg、82.63 mg/kg。

表5-11 怀柔区农用地土壤中重金属含量的统计情况（mg/kg）

监测指标	样点数（个）	顺序统计量									算术平均值	标准误差
		最小值	5%值	10%值	25%值	中位值	75%值	90%值	95%值	最大值		
Cd	564	0.05	0.11	0.12	0.14	0.17	0.21	0.29	0.36	1.42	0.19	0.10
Hg	564	0.01	0.02	0.02	0.03	0.05	0.07	0.12	0.19	1.15	0.07	0.09
As	564	2.04	4.38	5.18	6.24	7.78	9.15	10.49	11.01	14.56	7.72	2.07
Pb	564	13.19	20.36	21.29	22.71	24.59	27.20	30.37	34.16	75.28	25.60	5.34
Cr	564	21.61	42.67	45.13	50.80	56.29	64.64	75.94	99.32	354.27	61.57	25.73
Ni	564	6.74	16.73	17.93	20.64	24.54	28.38	32.65	35.91	106.58	25.46	8.14
Cu	564	7.25	13.74	15.21	19.24	23.39	27.77	34.68	42.40	126.56	25.14	10.94
Zn	564	27.10	54.83	59.41	68.69	78.99	91.28	103.64	123.99	301.61	82.63	24.51

根据表中数据可以计算得出各个重金属含量的变异系数，按照变异系数结果的大小顺序，如Hg＞Cd＞Cu＞Cr＞Ni＞Zn＞As＞Pb，用SigmaPlot作图软件绘制了怀柔区土壤中Cd、Hg、As、Pb、Cr、Ni、Cu、Zn含量的盒状分布图，见图5-22。从图中可以看出怀柔区土壤中8种元素的集中分布范围。总体而言，怀柔区564个土壤样本中89.36%～99.29%的样本中Cd、Hg、As、Pb、Cr、Ni、Cu、Zn的含量值分别为0～0.3 mg/kg、0～0.5 mg/kg、0～12 mg/kg、0～30 mg/kg、0～150 mg/kg、0～60 mg/kg、0～50 mg/kg、0～200 mg/kg。同时，土壤中Cd、Hg、As、Pb、Cr、Ni、Cu、Zn的90%含量值分别是10%含量值的2.35倍、4.93倍、2.02倍、1.43倍、1.68倍、1.82倍、2.28倍和1.74倍。8种重金属元素含量的上、下误差线以外的离散值中最大值与最小值相差1.14～332.65 mg/kg。

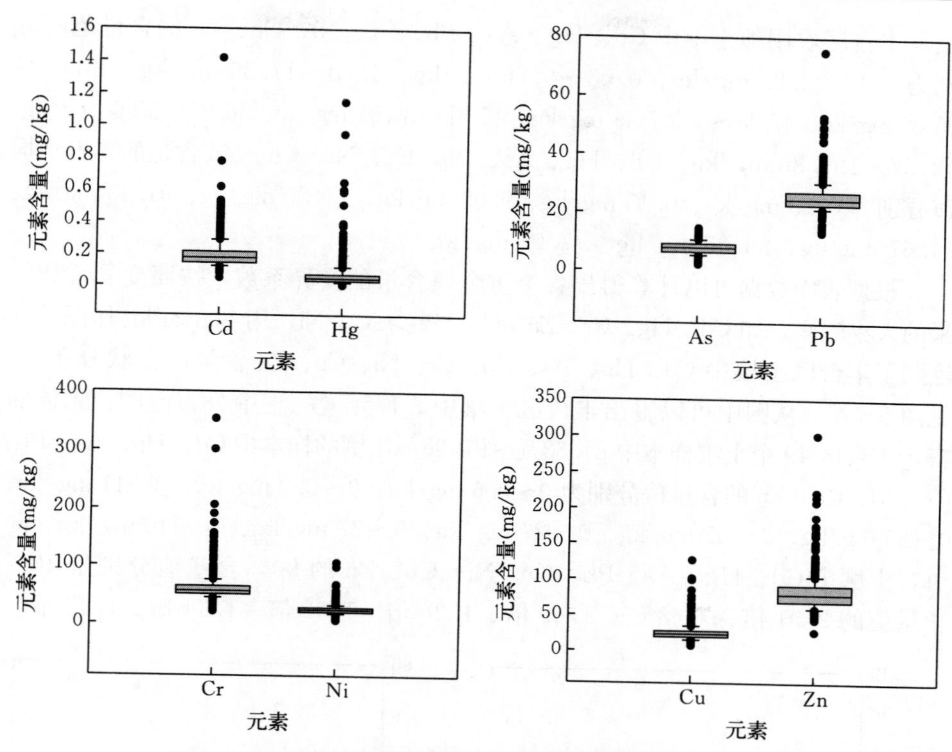

图 5-22　怀柔区农用地土壤的重金属元素含量盒状分布图

十一、丰台区

表 5-12 为丰台区农用地土壤中重金属含量的统计情况，从表中数据可得

表 5-12　丰台区农用地土壤中重金属含量的统计情况（mg/kg）

监测指标	样点数（个）	顺序统计量									算术平均值	标准误差
		最小值	5%值	10%值	25%值	中位值	75%值	90%值	95%值	最大值		
Cd	49	0.10	0.11	0.12	0.14	0.16	0.19	0.24	0.29	2.92	0.23	0.39
Hg	49	0.03	0.04	0.04	0.06	0.09	0.19	0.31	0.49	0.86	0.15	0.15
As	49	5.78	6.07	6.51	8.43	9.44	9.99	10.97	11.13	11.30	9.09	1.44
Pb	49	14.52	18.63	19.22	20.16	21.69	23.50	24.69	25.51	26.37	21.80	2.29
Cr	49	42.48	53.11	54.08	56.30	58.84	62.30	71.53	78.37	1 597.46	91.30	217.48
Ni	49	15.51	20.29	21.08	22.81	24.71	26.51	28.34	29.49	31.01	24.67	2.85
Cu	49	16.27	18.23	19.14	20.39	22.31	24.77	27.39	31.81	55.66	23.35	5.65
Zn	49	42.37	56.49	58.58	64.55	72.95	82.27	96.60	121.51	199.38	77.04	23.50

出，丰台区农用地土壤中 Cd、Hg、As、Pb、Cr、Ni、Cu、Zn 的含量范围分别为 0.10～2.92 mg/kg、0.03～0.86 mg/kg、5.78～11.30 mg/kg、14.52～26.37 mg/kg、42.48～1 597.46 mg/kg、15.51～31.01 mg/kg、16.27～55.66 mg/kg、42.37～199.38 mg/kg。Cd、Hg、As、Pb、Cr、Ni、Cu、Zn 含量的算术平均值分别为 0.23 mg/kg、0.15 mg/kg、9.09 mg/kg、21.80 mg/kg、91.30 mg/kg、24.67 mg/kg、23.35 mg/kg、77.04 mg/kg。

根据表中数据可以计算得出各个重金属含量的变异系数，按照变异系数结果的大小顺序，如 Cd>Hg>Cr>Zn>Cu>Pb>As>Ni，用 SigmaPlot 作图软件绘制了丰台区土壤中 Cd、Hg、As、Pb、Cr、Ni、Cu、Zn 含量的盒状分布图，见图 5-23。从图中可以看出丰台区土壤中 8 种元素的集中分布范围。总体而言，丰台区 49 个土壤样本中 81.63%～97.96%比例的样本中 Cd、Hg、As、Pb、Cr、Ni、Cu、Zn 的含量值分别为 0～0.6 mg/kg、0～0.3 mg/kg、0～11 mg/kg、0～25 mg/kg、0～65 mg/kg、0～27 mg/kg、0～27 mg/kg、0～110 mg/kg。同时，土壤中 Cd、Hg、As、Pb、Cr、Ni、Cu、Zn 的 90%含量值分别是 10%含量值的 2.01 倍、7.58 倍、1.69 倍、1.28 倍、1.32 倍、1.34 倍、1.43 倍、

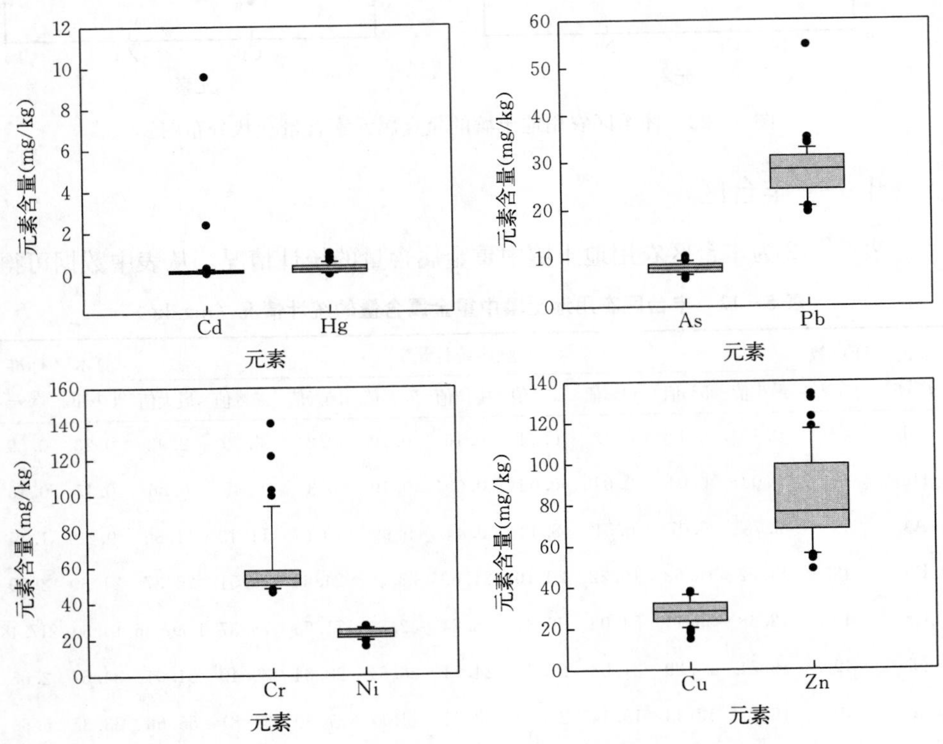

图 5-23　丰台区农用地土壤的重金属元素含量盒状分布图

1.65 倍。8 种重金属元素含量的上、下误差线以外的离散值中最大值与最小值相差 0.84～1 554.98 mg/kg。

十二、密云区

表 5-13 为密云区农用地土壤中重金属含量的统计情况，从表中数据可得出，密云区农用地土壤中 Cd、Hg、As、Pb、Cr、Ni、Cu、Zn 的含量范围分别为 0.01～1.43 mg/kg、0.01～3.97 mg/kg、1.96～51.07 mg/kg、0.07～229.08 mg/kg、0.23～1 041.10 mg/kg、0.04～216.76 mg/kg、0.09～239.85 mg/kg、0.20～324.86 mg/kg。Cd、Hg、As、Pb、Cr、Ni、Cu、Zn 含量的算术平均值分别为 0.16 mg/kg、0.07 mg/kg、7.10 mg/kg、24.00 mg/kg、67.37 mg/kg、26.72 mg/kg、24.99 mg/kg、74.82 mg/kg。

表 5-13　密云区农用地土壤中重金属含量的统计情况（mg/kg）

监测指标	样点数（个）	顺序统计量									算术平均值	标准误差
		最小值	5%值	10%值	25%值	中位值	75%值	90%值	95%值	最大值		
Cd	1 249	0.01	0.10	0.11	0.12	0.14	0.17	0.22	0.27	1.43	0.16	0.09
Hg	1 249	0.01	0.02	0.02	0.03	0.04	0.06	0.11	0.20	3.97	0.07	0.18
As	1 249	1.96	3.67	4.17	5.22	6.90	8.71	10.32	11.02	51.07	7.10	2.66
Pb	1 249	0.07	18.81	19.71	21.01	22.60	24.57	27.56	30.41	229.08	24.00	11.19
Cr	1 249	0.23	41.03	43.88	50.49	58.86	71.23	98.32	123.06	1 041.10	67.37	40.70
Ni	1 249	0.04	14.42	15.89	19.37	23.83	30.46	39.30	46.15	216.76	26.72	13.04
Cu	1 249	0.09	12.57	13.94	17.68	22.77	29.16	38.54	44.74	239.85	24.99	12.59
Zn	1 249	0.20	52.55	55.81	62.45	70.39	80.80	97.32	114.20	324.86	74.82	22.07

根据表中数据可以计算得出各个重金属含量的变异系数，按照变异系数结果的大小顺序，如 Hg>Cr>Cd>Cu>Ni>Pb>As>Zn，用 SigmaPlot 作图软件绘制了密云区土壤中 Cd、Hg、As、Pb、Cr、Ni、Cu、Zn 含量的盒状分布图，见图 5-24。从图中可以看出密云区土壤中 8 种元素的集中分布范围。总体而言，密云区 1 249 个土壤样本中 96.08%～99.52%的样本中 Cd、Hg、As、Pb、Cr、Ni、Cu、Zn 的含量值分别为 0～0.3 mg/kg、0～0.5 mg/kg、0～15 mg/kg、0～70 mg/kg、0～150 mg/kg、0～60 mg/kg、0～50 mg/kg、0～200 mg/kg。同时，土壤中 Cd、Hg、As、Pb、Cr、Ni、Cu、Zn 的 90%含量值分别是 10%含量值的 2.13 倍、5.58 倍、2.48 倍、1.40 倍、2.24 倍、2.47 倍、2.76 倍、1.74 倍。8 种重金属元素含量的上、下误差线以外的离散值中最大值与最小值相差 1.42～1 040.87 mg/kg。

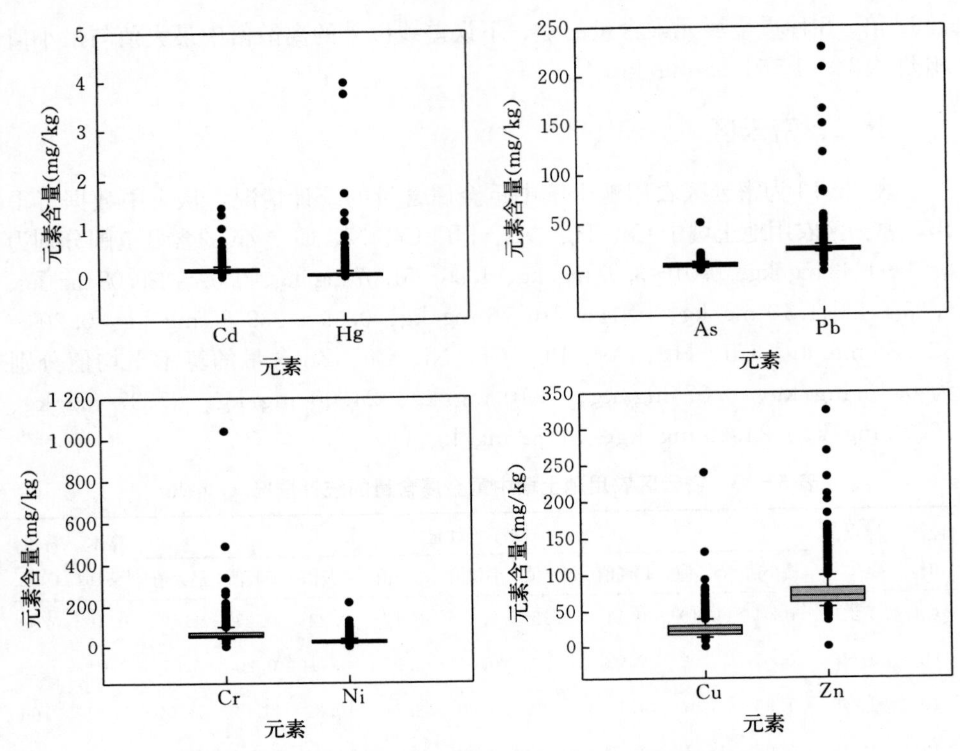

图 5-24 密云区农用地土壤的重金属元素含量盒状分布图

十三、延庆区

表 5-14 为延庆区农用地土壤中重金属含量的统计情况，从表中数据可得

表 5-14 延庆区农用地土壤中重金属含量的统计情况（mg/kg）

监测指标	样点数（个）	顺序统计量									算术平均值	标准误差
		最小值	5%值	10%值	25%值	中位值	75%值	90%值	95%值	最大值		
Cd	1 708	0.08	0.11	0.12	0.13	0.14	0.16	0.19	0.22	0.99	0.15	0.05
Hg	1 708	0.01	0.02	0.03	0.04	0.05	0.08	0.13	0.21	11.92	0.10	0.43
As	1 708	3.94	7.23	7.69	8.65	9.54	10.47	11.30	11.94	20.20	9.57	1.52
Pb	1 708	12.80	19.05	19.83	20.91	22.11	23.49	25.22	26.75	107.72	22.46	3.50
Cr	1 708	24.37	43.31	45.44	49.20	53.68	58.34	63.08	65.52	128.51	54.00	7.68
Ni	1 708	13.50	18.04	19.18	21.05	23.32	25.67	27.99	29.42	820.44	24.25	23.21
Cu	1 708	11.43	15.73	16.71	18.46	20.19	22.22	24.57	26.58	118.55	20.77	5.10
Zn	1 708	34.53	52.93	55.22	59.17	63.99	69.37	75.98	81.47	157.24	65.32	10.22

出，延庆区农用地土壤中Cd、Hg、As、Pb、Cr、Ni、Cu、Zn的含量范围分别为0.08～0.99 mg/kg、0.01～11.92 mg/kg、3.94～20.20 mg/kg、12.80～107.72 mg/kg、24.37～128.51 mg/kg、13.50～820.44 mg/kg、11.43～118.55 mg/kg、34.53～157.24 mg/kg。Cd、Hg、As、Pb、Cr、Ni、Cu、Zn含量的算术平均值分别为0.15 mg/kg、0.10 mg/kg、9.57 mg/kg、22.46 mg/kg、54.00 mg/kg、24.25 mg/kg、20.77 mg/kg、65.32 mg/kg。

根据表中数据可以计算得出各个重金属含量的变异系数，按照变异系数结果的大小顺序，如Hg>Ni>Cd>Cu>As>Zn>Pb>Cr，用SigmaPlot作图软件绘制了延庆区土壤中Cd、Hg、As、Pb、Cr、Ni、Cu、Zn含量的盒状分布图，见图5-25。从图中可以看出延庆区土壤中8种元素的集中分布范围。总体而言，延庆区1 708个土壤样本中95.49%～99.47%的样本中Cd、Hg、As、Pb、Cr、Ni、Cu、Zn的含量值分别为0～0.3 mg/kg、0～1.3 mg/kg、0～12 mg/kg、0～30 mg/kg、0～80 mg/kg、0～32 mg/kg、0～30 mg/kg、0～110 mg/kg。同时，土壤中Cd、Hg、As、Pb、Cr、Ni、Cu、Zn的90%含量值分别是10%含量值的1.57倍、4.63倍、1.47倍、1.27倍、1.39倍、

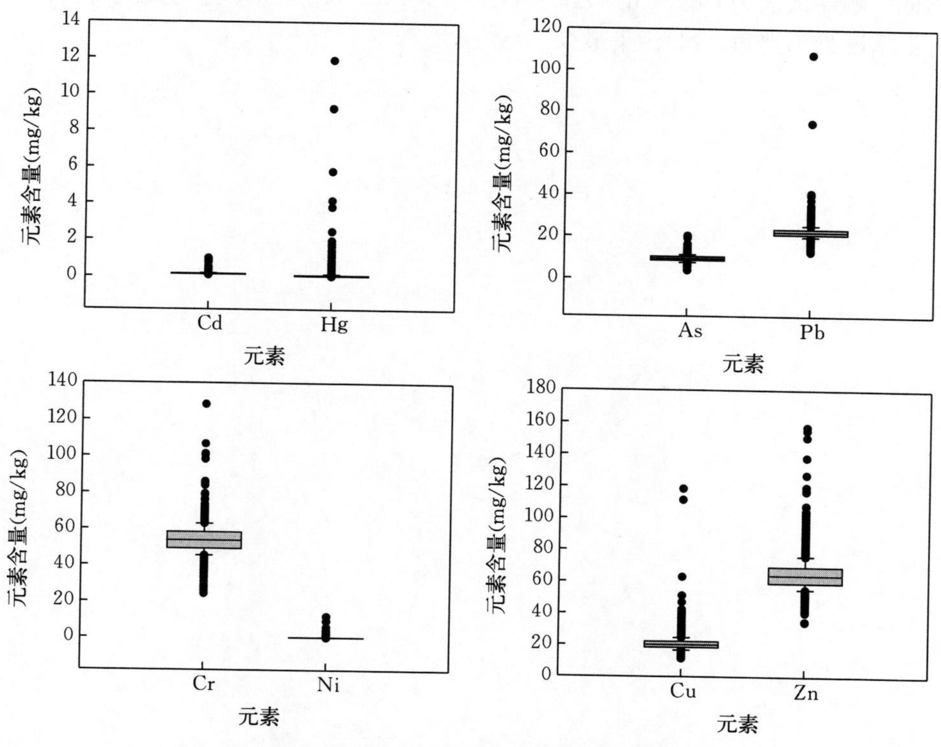

图5-25　延庆区农用地土壤的重金属元素含量盒状分布图

1.46 倍、1.47 倍、1.38 倍。8 种重金属元素含量的上、下误差线以外的离散值中最大值与最小值相差 0.91～806.95 mg/kg。

第八节 小　结

通过对农用地土壤重金属含量分布的分析，可以看出 8 种元素分别集中分布在一个范围内，但不同元素存在着较大的差异，这与土壤性质以及元素本身的化学性质有关。其中对不同 pH 条件下土壤重金属含量进行分析，发现 pH 对土壤重金属分布存在较大的影响。对于不同地区来说，存在不同元素及不同程度的污染风险。总之，依据《土壤环境质量　农用地土壤污染风险管控标准》（GB 15618—2018）中 8 种重金属元素的风险筛选值，土壤样品中出现 Cd、Hg、As、Pb、Cr、Ni、Cu、Zn 元素超标的样本率分别达到 2.82%、0.15%、0.30%、0.16%、0.19%、0.06%、0.52%、0.33%。通过对 8 种金属元素的检测与分析，全部监测点土壤样品中，仅有 979 个存在重金属超标现象，土壤重金属含量的点位达标率高达 92.17%。在这些元素中，点位超标率高低的顺序依次为 Cd＞Cu＞Zn＞As＞Cr＞Pb＞Hg＞Ni，上述结果表明 Cd 污染情况最为严重，Ni 污染最少。

第六章 土壤污染风险评价

通过对土壤重金属的风险评价，可判断土壤的污染情况，对保障农业生产环境安全具有重要的意义。依据《土壤环境质量 农用地土壤污染风险管控标准》（GB 15618—2018）分析评价土壤污染风险状况，可将农用地分为土壤污染风险低、可能存在土壤污染风险和土壤污染风险高。

第一节 土 壤 镉

农用地土壤中 Cd 含量为 0.01～13.22 mg/kg。依据《土壤环境质量 农用地土壤污染风险管控标准》（GB 15618—2018）中的风险筛选值和风险管制值，采用风险指数法对农用地土壤中 Cd 进行污染风险评价（图 6-1），结果表明：97.20%的样点 Cd 含量未超过风险筛选值，土壤污染风险低，一般情况下可以忽略；2.76%的样点 Cd 含量高于风险筛选值，低于或等于风险管制值，可能存在土壤污染风险，原则上应当加强管控；0.04%的样点 Cd 含量高于风险管制值，污染风险高。

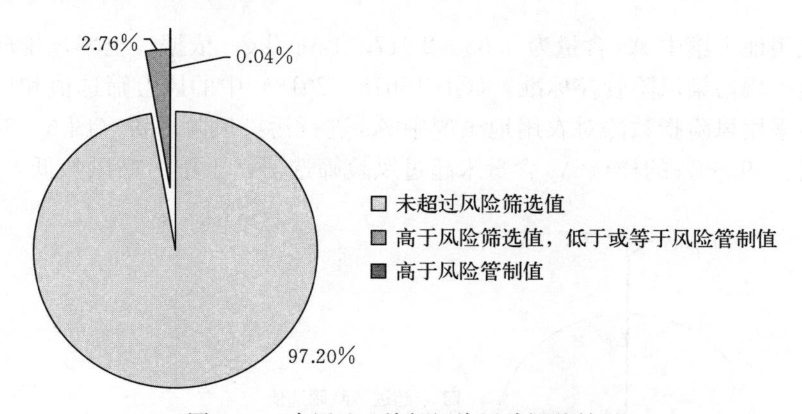

图 6-1 农用地土壤镉污染风险评价结果

第二节 土 壤 汞

农用地土壤中 Hg 含量为 0.004～11.92 mg/kg。依据《土壤环境质量农用地土壤污染风险管控标准》（GB 15618—2018）中的风险筛选值和风险管制值，采用风险指数法对农用地土壤中 Hg 进行污染风险评价（图 6－2），结果表明：99.93％的样点 Hg 含量未超过风险筛选值，土壤污染风险低，一般情况下可以忽略；0.03％的样点 Hg 含量高于风险筛选值，低于或等于风险管制值，可能存在土壤污染风险，原则上应当加强管控；0.04％的样点 Hg 含量高于风险管制值，污染风险高。

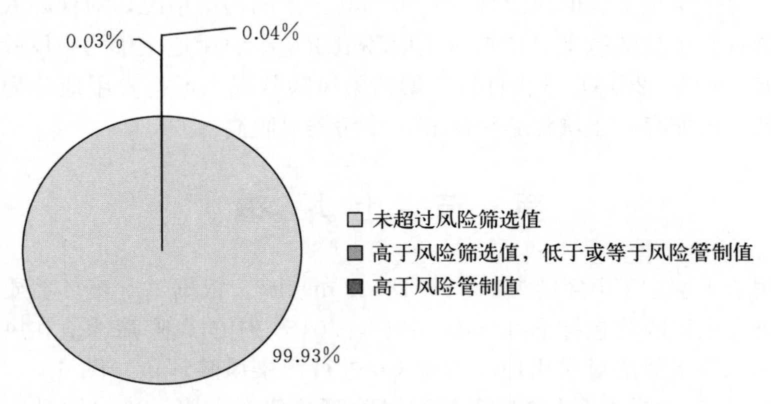

图 6－2　农用地土壤汞污染风险评价结果

第三节　土 壤 砷

农用地土壤中 As 含量为 0.35～2 917.21 mg/kg。依据《土壤环境质量　农用地土壤污染风险管控标准》（GB 15618—2018）中的风险筛选值和风险管制值，采用风险指数法对农用地土壤中 As 进行污染风险评价（图 6－3），结果表明：99.69％的样点 As 含量未超过风险筛选值，土壤污染风险低，一般

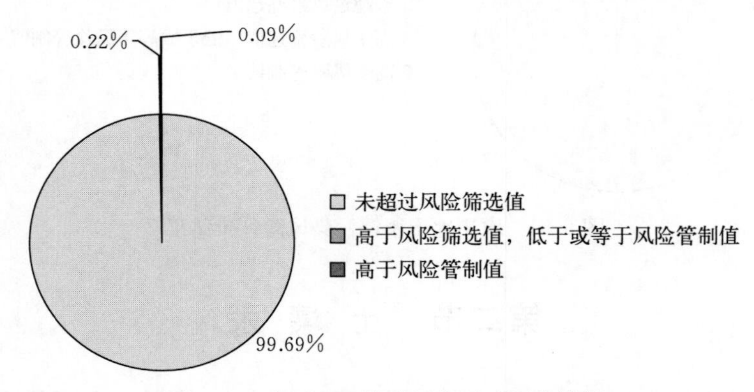

图 6－3　农用地土壤砷污染风险评价结果

情况下可以忽略；0.22%的样点 As 含量高于风险筛选值，低于或等于风险管制值，可能存在土壤污染风险，原则上应当加强管控；0.09%的样点 As 含量高于风险管制值，污染风险高。

第四节　土 壤 铅

农用地土壤中 Pb 含量为 0.07～407.99 mg/kg。依据《土壤环境质量　农用地土壤污染风险管控标准》(GB 15618—2018) 中的风险筛选值和风险管制值，采用风险指数法对农用地土壤中 Pb 进行污染风险评价（图 6-4），结果表明：所有样点的 Pb 含量均低于风险管制值；99.83%的样点 Pb 含量未超过风险筛选值，土壤污染风险低，一般情况下可以忽略；0.17%的样点 Pb 含量高于风险筛选值，低于或等于风险管制值，可能存在土壤污染风险，原则上应当加强管控。

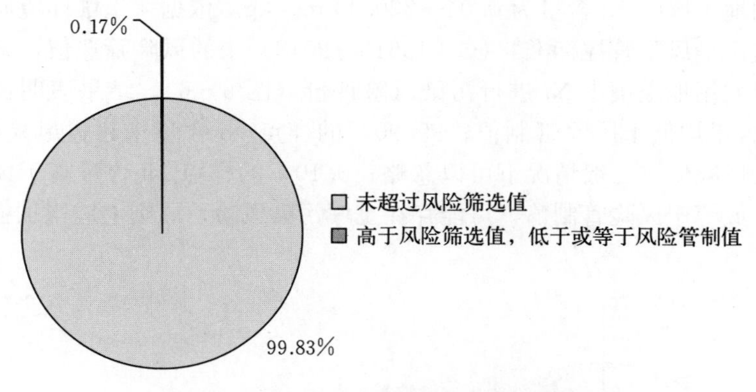

图 6-4　农用地土壤铅污染风险评价结果

第五节　土 壤 铬

农用地土壤中 Cr 含量为 0.23～1 597.46 mg/kg。依据《土壤环境质量　农用地土壤污染风险管控标准》(GB 15618—2018) 中的风险筛选值和风险管制值，采用风险指数法对农用地土壤中 Cr 进行污染风险评价（图 6-5），结果表明：99.81%的样点 Cr 含量未超过风险筛选值，土壤污染风险低，一般情况下可以忽略；0.17%的样点 Cr 含量高于风险筛选值，低于或等于风险管制值，可能存在土壤污染风险，原则上应当加强管控；0.02%的样点 Cr 含量高于风险管制值，污染风险高。

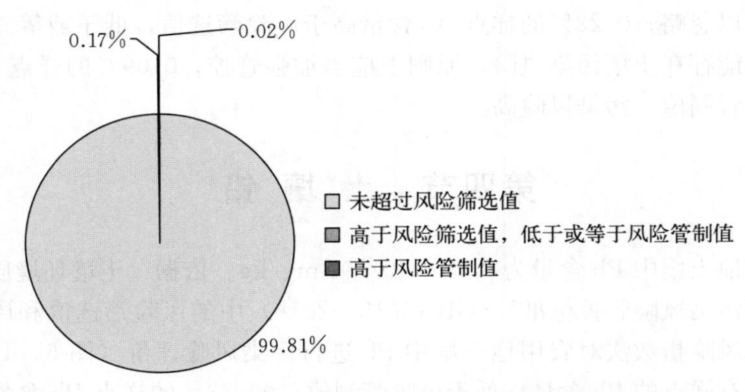

图 6-5　农用地土壤铬污染风险评价结果

第六节　土 壤 镍

农用地土壤中 Ni 含量为 0.04～820.44 mg/kg。依据《土壤环境质量　农用地土壤污染风险管控标准》(GB 15618—2018) 中的风险筛选值，采用风险指数法对农用地土壤中 Ni 进行污染风险评价（图 6-6），结果表明：所有样点的 Ni 含量均低于风险管制值；99.90%的样点 Ni 含量未超过风险筛选值，土壤污染风险低，一般情况下可以忽略；0.10%的样点 Ni 含量高于风险筛选值，低于或等于风险管制值，可能存在土壤污染风险，原则上应当加强管控。

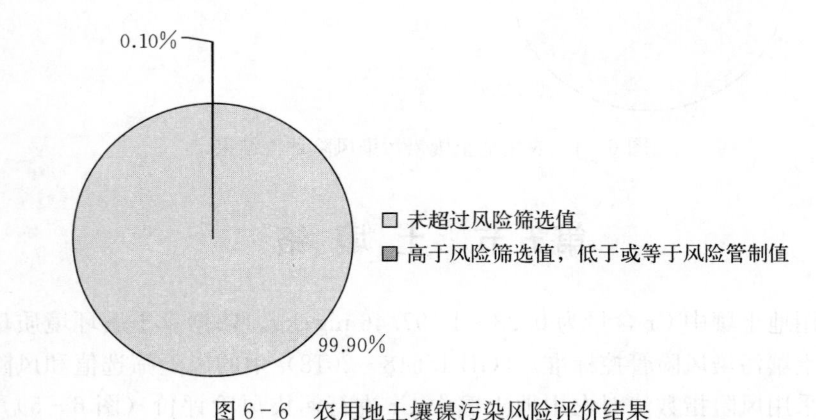

图 6-6　农用地土壤镍污染风险评价结果

第七节　土 壤 铜

农用地土壤中 Cu 含量为 0.09～511.68 mg/kg。依据《土壤环境质量　农用地土壤污染风险管控标准》（GB 15618—2018）中的风险筛选值，采用风险指数法对农用地土壤中Cu进行污染风险评价（图6-7），结果表明：99.49%的样点Cu含量未超过风险筛选值，土壤污染风险低，一般情况下可以忽略；0.51%的样点Cu含量高于风险筛选值，低于或等于风险管制值，可能存在土壤污染风险，原则上应当加强管控。

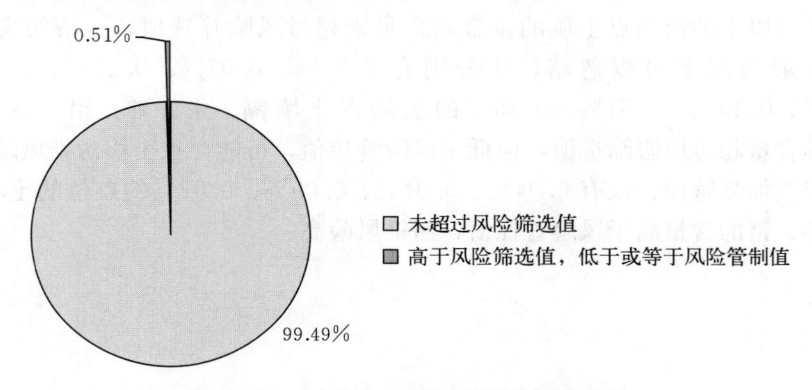

图6-7　农用地土壤铜污染风险评价结果

第八节　土 壤 锌

农用地土壤中Zn含量为0.20～2 027.70 mg/kg。依据《土壤环境质量　农用地土壤污染风险管控标准》（GB 15618—2018）中的风险筛选值，采用风险指数法对农用地土壤中Zn进行污染风险评价（图6-8），结果表明：99.67%的样点Zn含量未超过风险筛选值，土壤污染风险低，一般情况下可以忽略；0.33%的样点Zn含量高于风险筛选值，低于或等于风险管制值，可能存在土壤污染风险，原则上应当加强管控。

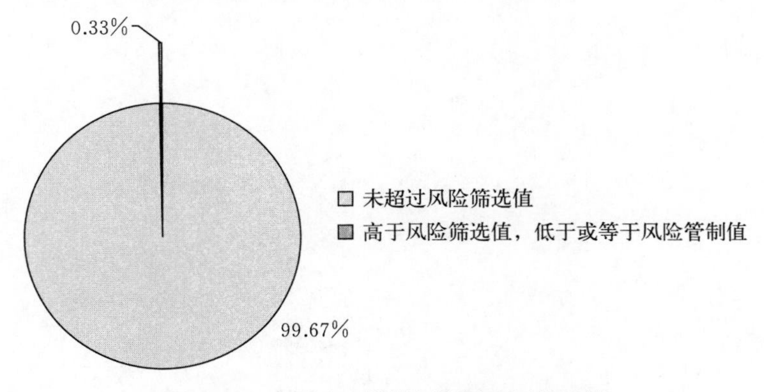

图6-8　农用地土壤锌污染风险评价结果

第九节 小 结

依据《土壤环境质量 农用地土壤污染风险管控标准》（GB 15618—2018）中的风险筛选值和风险管制值对农用地土壤进行污染风险评价可以看出，90%以上的监测点土壤的重金属含量未超过风险筛选值，土壤污染风险低，一般情况下可以忽略；还分别有 2.76%、0.03%、0.22%、0.17%、0.17%、0.10%、0.51%、0.33%的监测点土壤镉、汞、砷、铅、铬、镍、铜、锌含量超过风险筛选值，但低于风险管控值，可能存在土壤污染风险，原则上应当加强管控；仅有 0.04%、0.04%、0.09%、0.02%的点位的土壤镉、汞、砷、铬的含量高于风险管控值，污染风险高。

第七章　土壤重金属累积性评价

农产品的质量安全与产地土壤状况有着密切联系，土壤重金属的累积、迁移不仅影响植物生长发育与食品安全，而且可以通过食物链直接危害人类的健康。因此，选取土壤背景值合理开展重金属累积情况评价分析，可以为合理指导农业安全生产、保护农业生态环境提供科学依据。本书中土壤重金属累积性评价依据的土壤背景值来源于《中国土壤元素背景值》（国家环境保护局，1990），采用的重金属元素背景值的算术平均值作为评价依据，其中 Cd 含量为 0.074 mg/kg，Hg 含量为 0.069 mg/kg，As 含量为 9.7 mg/kg，Pb 含量为 25.4 mg/kg，Cr 含量为 68.1 mg/kg，Ni 含量为 29.0 mg/kg，Cu 含量为 23.6 mg/kg，Zn 含量为 102.6 mg/kg。

对全部监测点土壤中 Cd、Hg、As、Pb、Cr、Ni、Cu、Zn 8 种重金属的现状调查与监测，结合土壤重金属背景值资料，分析评价土壤中重金属的累积状况。根据重金属累积情况的大小，可将农业用地分为无污染、无污染到中度污染、中度污染、中度污染到强污染、强污染、强污染到极强污染、极强污染。

第一节　土 壤 镉

通过对全部监测点的 Cd 含量测定表明：2012 年 Cd 平均含量为 0.171 mg/kg，与背景值 0.074 mg/kg 比较可知，土壤中 Cd 平均含量呈上升趋势，年平均上升 0.004 mg/kg。根据作物的种植类型可以将土壤监测点分为 4 类：粮经作物、蔬菜、果品和其他。分别计算 4 类不同种植类型的土壤中的累积状况，其中其他土壤中 Cd 的累积量最低（表 7-1）。

表 7-1　土壤重金属镉累积状况

种植类型	监测点数（个）	算术平均值（mg/kg）	累积量（mg/kg）	标准差（mg/kg）	年平均累积速率（mg/kg）
粮经作物	7 881	0.163	0.089	0.099	0.004
蔬菜	2 240	0.178	0.104	0.230	0.005
果品	2 235	0.195	0.121	0.352	0.006
其他	142	0.138	0.064	0.044	0.003

对全部监测点土壤中 Cd 的现状调查与监测，结合土壤重金属背景值资料，进行累积性评价（图 7－1），无污染点位有 5 945 个，占 47.57%；无污染到中度污染点位有 5 921 个，占 47.38%；中度污染点位有 519 个，占 4.15%；中度污染到强污染点位有 86 个，占 0.69%；强污染点位有 16 个，占 0.13%；强污染到极强污染点位有 8 个，占 0.06%；极强污染点位有 3 个，占 0.02%。

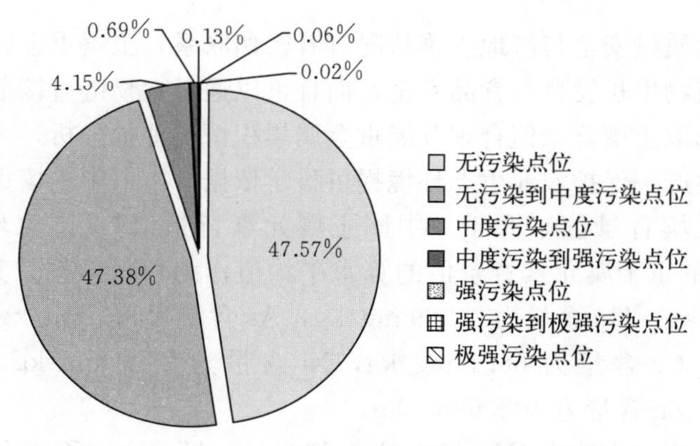

图 7－1　土壤中镉元素累积指数评价结果

第二节　土 壤 汞

通过对全部监测点的 Hg 含量测定表明：2012 年 Hg 平均含量为 0.083 mg/kg，与背景值 0.069 mg/kg 比较可知，土壤中 Hg 平均含量呈上升趋势，年平均上升 0.001 mg/kg。根据作物的种植类型可以将土壤监测点分为 4 类：粮经作物、蔬菜、果品和其他。分别计算 4 类不同种植类型的土壤中的累积状况，其中种植果品作物的土壤中 Hg 的累积量最低（表 7－2）。

表 7－2　土壤重金属汞累积状况

种植类型	监测点数（个）	算术平均值（mg/kg）	累积量（mg/kg）	标准差（mg/kg）	年平均累积速率（mg/kg）
粮经作物	7 881	0.084	0.015	0.238	0.001
蔬菜	2 240	0.081	0.012	0.115	0.001
果品	2 235	0.079	0.010	0.097	0.000 5
其他	142	0.087	0.018	0.148	0.001

对全部监测点土壤中 Hg 的现状调查与监测，结合土壤重金属背景值资料，进行累积性评价（图 7－2），无污染点位有 10 269 个，占 82.17%；无污

染到中度污染点位有 1 499 个，占 11.99%；中度污染点位有 485 个，占 3.88%；中度污染到强污染点位有 166 个，占 1.33%；强污染点位有 62 个，0.50%；强污染到极强污染点位有 9 个，占 0.07%；极强污染点位有 8 个，占 0.06%。

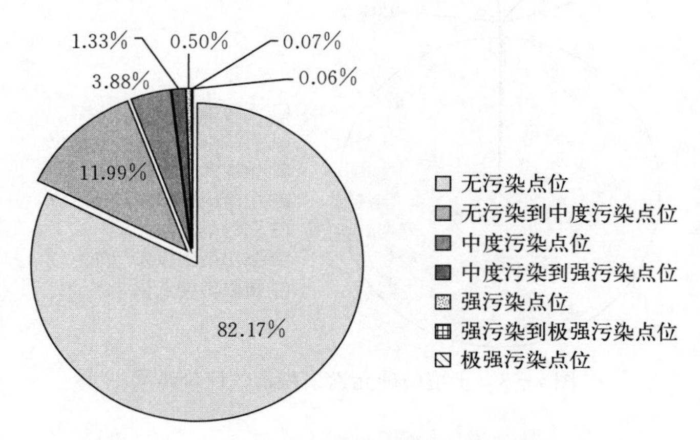

图 7-2 土壤中汞元素累积指数评价结果

第三节 土 壤 砷

通过对全部监测点的 As 含量测定表明：2012 年 As 平均含量为 9.042 mg/kg，与背景值 9.7 mg/kg 比较可知，土壤中 As 平均含量呈下降趋势，年平均下降 0.030 mg/kg。根据作物的种植类型可以将土壤监测点分为 4 类：粮经作物、蔬菜、果品和其他。分别计算 4 类不同种植类型的土壤中的累积状况，其中其他土壤中 As 的累积量最低（表 7-3）。

表 7-3 土壤重金属砷累积状况

种植类型	监测点数（个）	算术平均值（mg/kg）	累积量（mg/kg）	标准差（mg/kg）	年平均累积速率（mg/kg）
粮经作物	7 881	8.415	−1.285	2.438	−0.058
蔬菜	2 240	7.837	−1.863	1.869	−0.085
果品	2 235	12.576	2.876	74.245	0.131
其他	142	7.216	−2.484	2.225	−0.113

对全部监测点土壤中 As 的现状调查与监测，结合土壤重金属背景值资料，进行累积性评价（图 7-3），无污染点位有 12 419 个，占 99.37%；无污染到中度污染点位有 47 个，占 0.38%；中度污染点位有 14 个，占 0.11%；

中度污染到强污染点位有 7 个，占 0.06%；强污染点位有 4 个，占 0.03%；强污染到极强污染点位有 2 个，占 0.02%；极强污染点位有 5 个，占 0.04%。

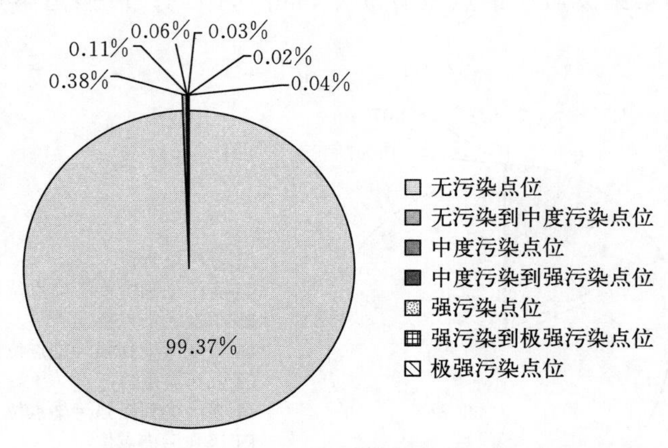

图 7-3　土壤中砷元素累积指数评价结果

第四节　土 壤 铅

通过对全部监测点的 Pb 含量测定表明：2012 年 Pb 平均含量为 23.898 mg/kg，与背景值 25.4 mg/kg 比较可知，土壤中 Pb 平均含量呈下降趋势，年平均下降 0.068 mg/kg。根据作物的种植类型可以将土壤监测点分为 4 类：粮经作物、蔬菜、果品和其他。分别计算 4 类不同种植类型的土壤中的累积状况，其中其他土壤中 Pb 的累积量最低（表 7-4）。

表 7-4　土壤重金属铅累积状况

种植类型	监测点数（个）	算术平均值（mg/kg）	累积量（mg/kg）	标准差（mg/kg）	年平均累积速率（mg/kg）
粮经作物	7 881	23.538	−1.862	7.453	−0.085
蔬菜	2 240	22.871	−2.529	9.571	−0.115
果品	2 235	26.273	0.873	15.951	0.040
其他	142	22.747	−2.653	3.659	−0.121

对全部监测点土壤中 Pb 的现状调查与监测，结合土壤重金属背景值资料，进行累积性评价（图 7-4），无污染点位有 12 240 个，占 97.94%；无污染到中度污染点位有 209 个，占 1.67%；中度污染点位有 35 个，占 0.28%；中度污染到强污染点位有 13 个，占 0.10%；强污染点位有 1 个，占 0.01%；无强污染到极强污染点位和极强污染点位。

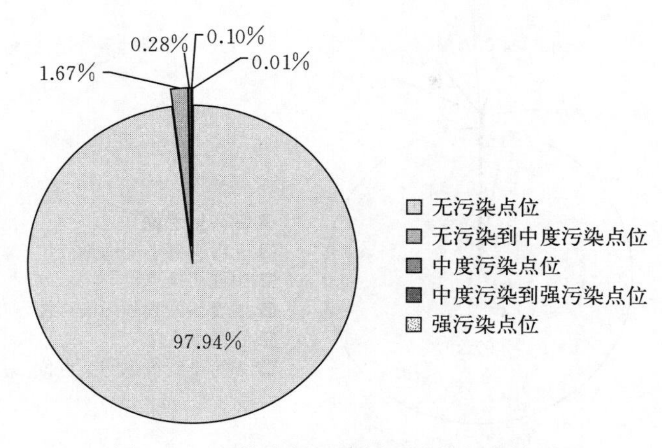

图 7-4　土壤中铅元素累积指数评价结果

第五节　土　壤　铬

通过对全部监测点的 Cr 含量测定表明：2012 年 Cr 平均含量为 60.194 mg/kg，与背景值 68.1 mg/kg 比较可知，土壤中 Cr 平均含量呈下降趋势，年平均下降 0.359 mg/kg。根据作物的种植类型可以将土壤监测点分为 4 类：粮经作物、蔬菜、果品和其他。分别计算 4 类不同种植类型的土壤中的累积状况，其中种植粮经作物的土壤中 Cr 的累积量最低（表 7-5）。

表 7-5　土壤重金属铬累积状况

种植类型	监测点数（个）	算术平均值（mg/kg）	累积量（mg/kg）	标准差（mg/kg）	年平均累积速率（mg/kg）
粮经作物	7 881	59.373	－8.727	20.594	－0.397
蔬菜	2 240	61.613	－6.487	15.007	－0.295
果品	2 235	61.708	－6.392	36.386	－0.291
其他	142	59.573	－8.527	17.593	－0.388

对全部监测点土壤中 Cr 的现状调查与监测，结合土壤重金属背景值资料，进行累积性评价（图 7-5），无污染点位有 12 159 个，占 97.29%；无污染到中度污染点位有 312 个，占 2.50%；中度污染点位有 24 个，占 0.19%；中度污染到强污染点位有 1 个，占 0.01%；强污染点位有 1 个，占 0.01%；强污染到极强污染点位有 1 个，占 0.01%；无极强污染点位。

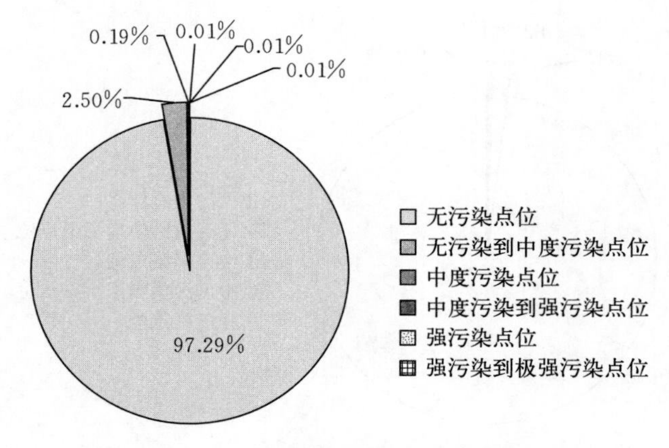

图 7-5　土壤中铬元素累积指数评价结果

第六节　土　壤　镍

通过对全部监测点的 Ni 含量测定表明：2012 年 Ni 平均含量为 25.232 mg/kg，与背景值 29.0 mg/kg 比较可知，土壤中 Ni 平均含量呈下降趋势，年平均下降 0.171 mg/kg。根据作物的种植类型可以将土壤监测点分为 4 类：粮经作物、蔬菜、果品和其他。分别计算 4 类不同种植类型的土壤中的累积状况，其中其他土壤中 Ni 的累积量最低（表 7-6）。

表 7-6　土壤重金属镍累积状况

种植类型	监测点数（个）	算术平均值（mg/kg）	累积量（mg/kg）	标准差（mg/kg）	年平均累积速率（mg/kg）
粮经作物	7 881	25.221	−3.779	11.295	−0.172
蔬菜	2 240	24.855	−4.145	5.642	−0.188
果品	2 235	25.729	−3.271	12.198	−0.149
其他	142	24.010	−4.990	9.260	−0.227

对全部监测点土壤中 Ni 的现状调查与监测，结合土壤重金属背景值资料，进行累积性评价（图 7-6），无污染点位有 12 275 个，占 98.22%；无污染到中度污染点位有 209 个，占 1.67%；中度污染点位有 11 个，占 0.09%；中度污染到强污染点位有 1 个，占 0.01%；强污染点位有 1 个，占 0.01%；强污染到极强污染点位有 1 个，占 0.01%；无极强污染点位。

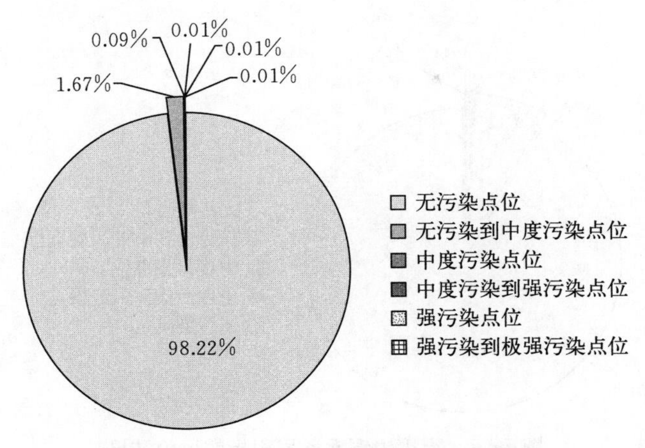

图 7-6　土壤中镍元素累积指数评价结果

第七节　土 壤 铜

通过对全部监测点的 Cu 含量测定表明：2012 年 Cu 平均含量为23.829 mg/kg，与背景值 23.6 mg/kg 比较可知，土壤中 Cu 平均含量呈上升趋势，年平均上升 0.010 mg/kg。根据作物的种植类型可以将土壤监测点分为 4 类：粮经作物、蔬菜、果品和其他。分别计算 4 类不同种植类型的土壤中的累积状况，其中种植粮经作物的土壤中 Cu 的累积量最低（表 7-7）。

表 7-7　土壤重金属铜累积状况

种植类型	监测点数（个）	算术平均值（mg/kg）	累积量（mg/kg）	标准差（mg/kg）	年平均累积速率（mg/kg）
粮经作物	7 881	22.476	−1.124	10.002	−0.051
蔬菜	2 240	25.687	2.087	12.029	0.095
果品	2 235	26.777	3.177	15.173	0.144
其他	142	23.231	−0.369	11.104	−0.017

对全部监测点土壤中 Cu 的现状调查与监测，结合土壤重金属背景值资料，进行累积性评价（图 7-7），无污染点位有 11 450 个，占 91.61%；无污染到中度污染点位有 942 个，占 7.54%；中度污染点位有 95 个，占 0.76%；中度污染到强污染点位有 9 个，占 0.07%；强污染点位有 2 个，占 0.02%；无强污染到极强污染点位和极强污染点位。

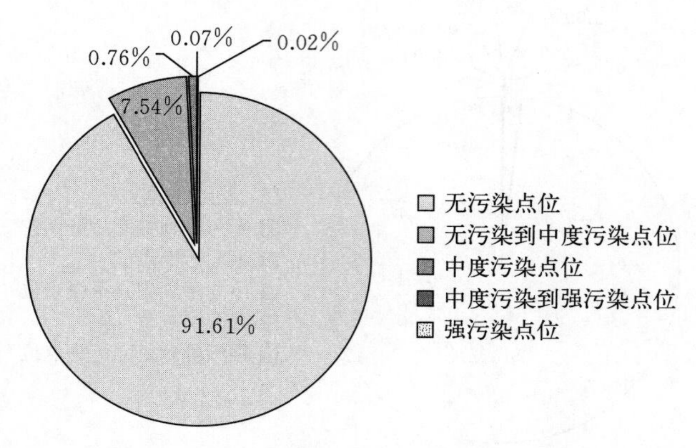

图 7-7　土壤中铜元素累积指数评价结果

第八节　土壤锌

通过对全部监测点的 Zn 含量测定表明：2012 年 Zn 平均含量为 71.734 mg/kg，与背景值 102.6 mg/kg 比较可知，土壤中 Zn 平均含量呈下降趋势，年平均下降 1.403 mg/kg。根据作物的种植类型可以将土壤监测点分为 4 类：粮经作物、蔬菜、果品和其他。分别计算 4 类不同种植类型的土壤中的累积状况，其中其他土壤中 Zn 的累积量最低（表 7-8）。

表 7-8　土壤重金属锌累积状况

种植类型	监测点数（个）	算术平均值（mg/kg）	累积量（mg/kg）	标准差（mg/kg）	年平均累积速率（mg/kg）
粮经作物	7 881	68.820	−33.780	24.228	−1.535
蔬菜	2 240	76.174	−26.426	26.722	−1.201
果品	2 235	77.883	−24.717	57.865	−1.124
其他	142	66.638	−35.962	14.567	−1.635

对全部监测点土壤中 Zn 的现状调查与监测，结合土壤重金属背景值资料，进行累积性评价（图 7-8），无污染点位有 11 981 个，占 95.86%；无污染到中度污染点位有 466 个，占 3.73%；中度污染点位有 42 个，占 0.34%；中度污染到强污染点位有 7 个，占 0.06%；强污染点位有 1 个，占 0.01%；强污染到极强污染点位有 1 个，占 0.01%；无极强污染点位。

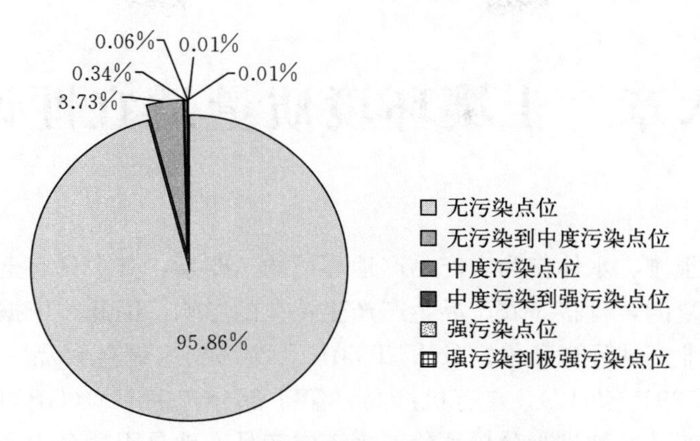

图 7-8　土壤中锌元素累积指数评价结果

第九节　小　　结

通过对监测点土壤中的重金属的现状调查与监测，结合土壤重金属背景值资料，分析评价土壤中重金属的累积状况，土壤中的镉、汞、铜的平均含量相比于背景值呈上升趋势，需要加强管控，防止土壤污染情况的发生。土壤中的砷、铅、铬、镍、锌平均含量相比于背景值呈下降趋势。

第八章　土壤环境质量适宜性评价

大气、土壤、水体作为农产品产地环境的三要素，其中只有土壤是一经污染而较难修复的，且将对农产品生产产生持久的影响。因此，依据《无公害农产品　种植业产地环境条件》（NY/T 5010—2016）、《绿色食品　产地环境质量》（NY/T 391—2013）、《有机产品　第1部分：生产》（GB/T 19630.1—2019）对农产品产地进行分析评价，为该农产品产地是否适合生产无公害农产品、绿色食品、有机产品提供依据。

第一节　无公害农产品产地环境条件适宜性分析

无公害农产品产地环境质量评价是判定一个生产基地是否满足生产无公害农产品所要求的生态环境的依据，评价标准不仅能够规范无公害产品基地的建立，而且，标准是否合理直接影响着无公害农产品的质量。采用《无公害农产品　种植业产地环境条件》（NY/T 5010—2016）对产地土壤环境质量进行评价，利用单项风险指数法和综合风险指数法对控制指标进行评价。

一、土壤镉

通过对不同区域全部监测点进行监测，依据《无公害农产品　种植业产地环境条件》（NY/T 5010—2016）评价标准，用单项风险指数法对严格控制指标Cd在不同区域的污染情况进行评价（图8-1），结果表明：在所有监测点中，共有12 148个点位合格，占总监测点的97.20%；有350个点位不合格，占总监测点的2.80%。

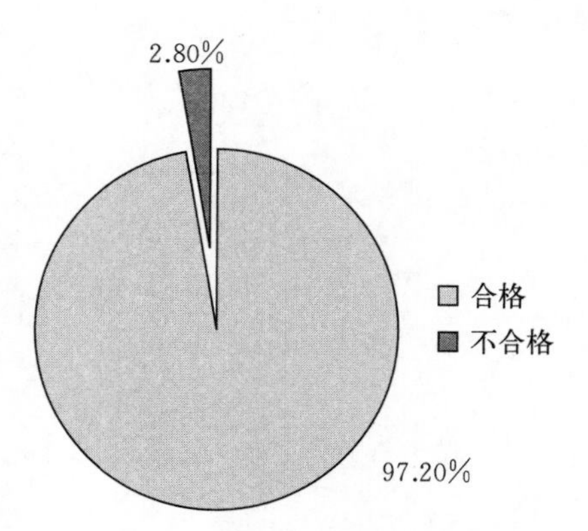

图8-1　无公害农产品产地环境条件重金属镉评价结果

二、土壤汞

通过对不同区域全部监测点进行监测，依据《无公害农产品 种植业产地环境条件》（NY/T 5010—2016），用单项风险指数法对严格控制指标 Hg 在不同区域的污染情况进行评价（图 8－2），结果表明：在所有监测点中，共有12 489个点位合格，占总监测点的 99.93%；有 9 个点位不合格，占总监测点的 0.07%。

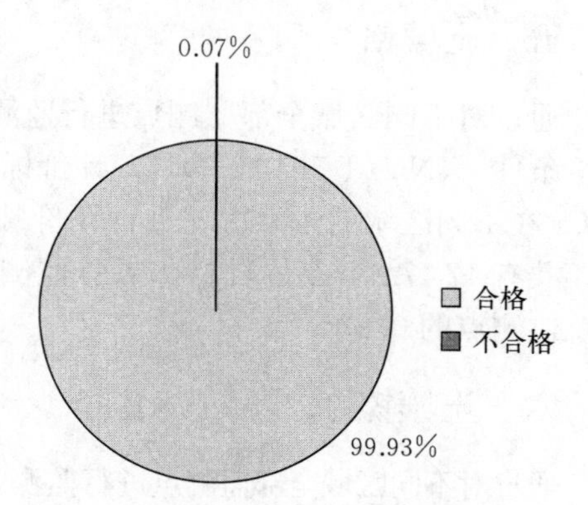

图 8－2 无公害农产品产地环境条件重金属汞评价结果

三、土壤砷

通过对不同区域全部监测点进行监测，依据《无公害农产品 种植业产地环境条件》（NY/T 5010—2016），用单项风险指数法对严格控制指标 As 在不同区域的污染情况进行评价（图 8－3），结果表明：在所有监测点中，共有12 460个点位合格，占总监测点的 99.70%；有 38 个点位不合格，占总监测点的 0.30%。

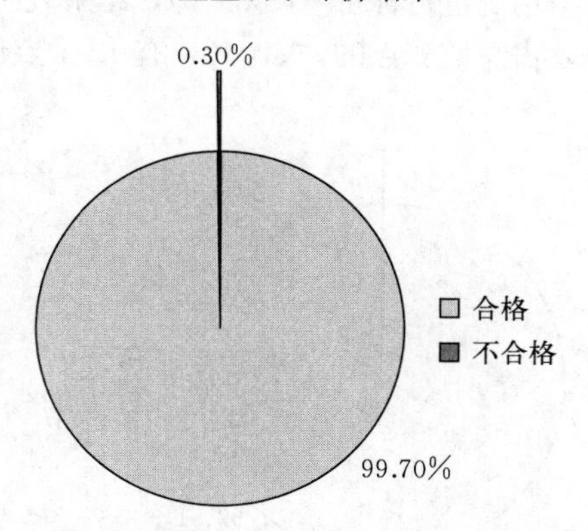

图 8－3 无公害农产品产地环境条件重金属砷评价结果

四、土壤铅

通过对不同区域全部监测点进行监测，依据《无公害农产品 种植业产地环境条件》（NY/T 5010—2016），用单项风险指数法对严格控制指标 Pb 在不同区域的污染情况进行评价（图 8－4），结果表明：在所有监测点中，共有12 478个点位合格，占总监测点的 99.84%；有 20 个点位不合格，占总监测点的 0.16%。

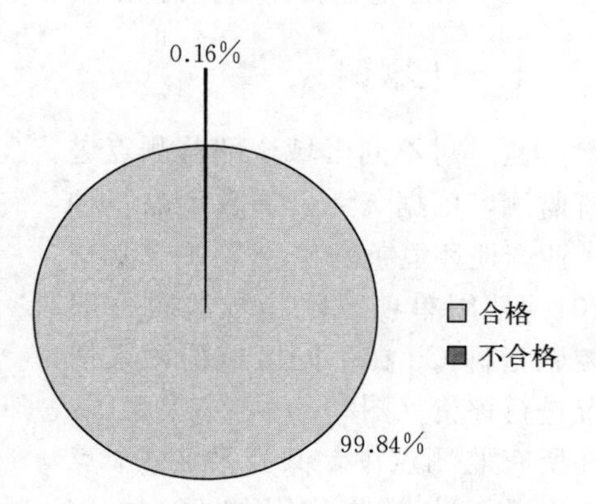

图 8－4 无公害农产品产地环境条件重金属铅评价结果

五、土壤铬

通过对不同区域全部监测点进行监测，依据《无公害农产品　种植业产地环境条件》（NY/T 5010—2016）评价标准，用单项风险指数法对严格控制指标 Cr 在不同区域的污染情况进行评价（图 8－5），结果表明：在所有监测点中，共有 12 474 个点位合格，占总监测点的 99.81%；有 24 个点位不合格，占总监测点的 0.19%。

六、土壤镍

通过对不同区域全部监测点进行监测，依据《无公害农产品　种植业产地环境条件》（NY/T 5010—2016），用单项风险指数法对一般控制指标 Ni 在不同区域的污染情况进行评价（图 8－6），结果表明：在所有监测点中，共有 12 486 个点位合格，占总监测点的 99.90%；有 12 个点位不合格，占总监测点的 0.10%。

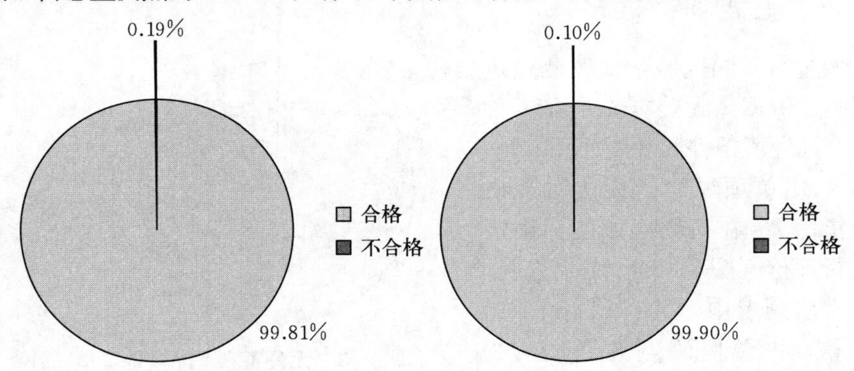

图 8－5　无公害农产品产地环境条件重金属铬评价结果

图 8－6　无公害农产品产地环境条件重金属镍评价结果

七、土壤铜

通过对不同区域全部监测点进行监测，依据《无公害农产品　种植业产地环境条件》（NY/T 5010—2016），用单项风险指数法对一般控制指标 Cu 在不同区域的污染情况进行评价（图 8－7），结果表明：在所有监测点中，共有 12 434 个点位合格，占总监测点的 99.49%；有 64 个点位不合格，占总监测点

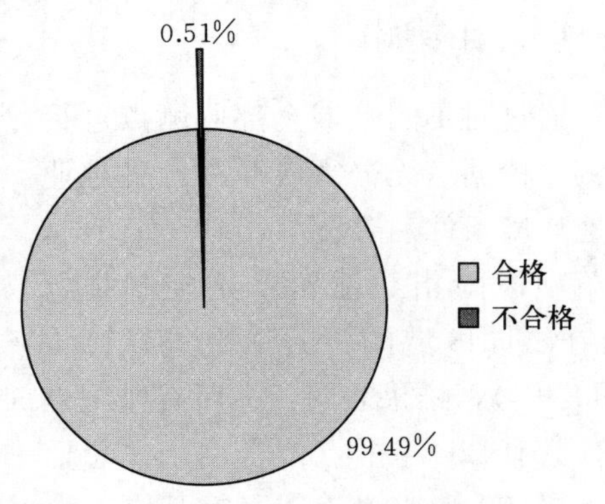

图 8－7　无公害农产品产地环境条件重金属铜评价结果

的 0.51%。

八、土壤锌

通过对不同区域全部监测点进行监测，依据《无公害农产品　种植业产地环境条件》(NY/T 5010—2016)，用单项风险指数法对一般控制指标 Zn 在不同区域的污染情况进行评价（图 8-8），结果表明：在所有监测点中，共有 12 457个点位合格，占总监测点的 99.67%；有 41 个点位不合格，占总监测点的 0.33%。

九、综合评价

综合以上评价结果，依据《无公害农产品　种植业产地环境条件》(NY/T 5010—2016)，用单项风险指数法和综合风险指数法，对全市全部监测点的产地环境质量进行评价（图 8-9），其中有 12 089 个监测点评价结果为适宜，占 96.73%，409 个监测点评价结果为不适宜，占 3.27%。表明大部分地区适宜发展无公害农产品产业，对于不适宜发展无公害农产品的产地应采取一定的环境治理措施。

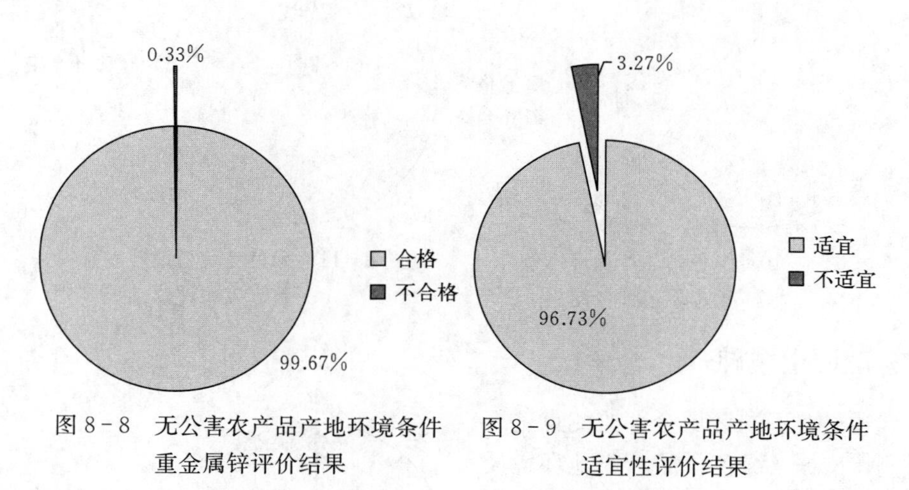

图 8-8　无公害农产品产地环境条件重金属锌评价结果

图 8-9　无公害农产品产地环境条件适宜性评价结果

第二节　绿色食品产地环境条件适宜性分析

依据《绿色食品　产地环境质量》(NY/T 391—2013)，对北京地区全部监测土壤环境监测点进行评价，采用单项风险指数和综合风险指数相结合的方法对 Cd、Hg、As、Pb、Cr、Cu 进行评价。根据产地环境质量将不同产地划分为适宜、尚适宜和不适宜种植绿色食品 3 个等级。

一、土壤镉

通过对不同区域全部监测点进行监测，依据《绿色食品　产地环境质量》（NY/T 391—2013），用单项风险指数法对产地土壤 Cd 的污染情况进行评价，结果表明：在所有监测点中，共有 12 231 个点位产地环境质量合格，占总监测点的 97.86%；有 267 个点位产地环境质量不合格，占总监测点的 2.14%（图 8－10）。

二、土壤汞

通过对不同区域全部监测点进行监测，依据《绿色食品　产地环境质量》（NY/T 391—2013），用单项风险指数法对产地土壤 Hg 的污染情况进行评价，结果表明：在所有监测点中，共有 12 209 个点位产地环境质量合格，占总监测点的 97.69%；有 289 个点位产地环境质量不合格，占总监测点的 2.31%（图 8－11）。

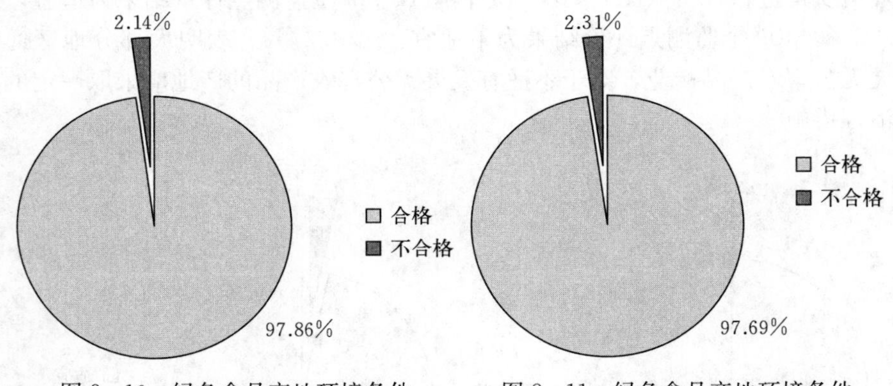

图 8－10　绿色食品产地环境条件重金属镉评价结果

图 8－11　绿色食品产地环境条件重金属汞评价结果

三、土壤砷

通过对不同区域全部监测点进行监测，依据《绿色食品　产地环境质量》（NY/T 391—2013），用单项风险指数法对产地土壤 As 的污染情况进行评价，结果表明：在所有监测点中，共有 12 439 个点位产地环境质量合格，占总监测点的 99.53%；有 59 个点位产地环境质量不合格，占总监测点的 0.47%（图 8－12）。

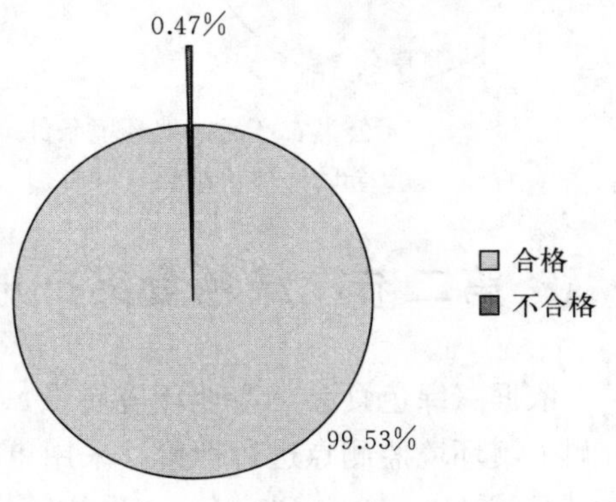

图 8－12　绿色食品产地环境条件重金属砷评价结果

四、土壤铅

通过对不同区域全部监测点进行监测，依据《绿色食品　产地环境质量》（NY/T 391—2013），用单项风险指数法对产地土壤 Pb 的污染情况进行评价，结果表明：在所有监测点中，共有 12 394 个点位产地环境质量合格，占总监测点的 99.17%；有 104 个点位产地环境质量不合格，占总监测点的 0.83%（图 8-13）。

五、土壤铬

通过对不同区域全部监测点进行监测，依据《绿色食品　产地环境质量》（NY/T 391—2013），用单项风险指数法对产地土壤 Cr 的污染情况进行评价，结果表明：在所有监测点中，共有 12 365 个点位产地环境质量合格，占总监测点的 98.94%；有 133 个点位产地环境质量不合格，占总监测点的 1.06%（图 8-14）。

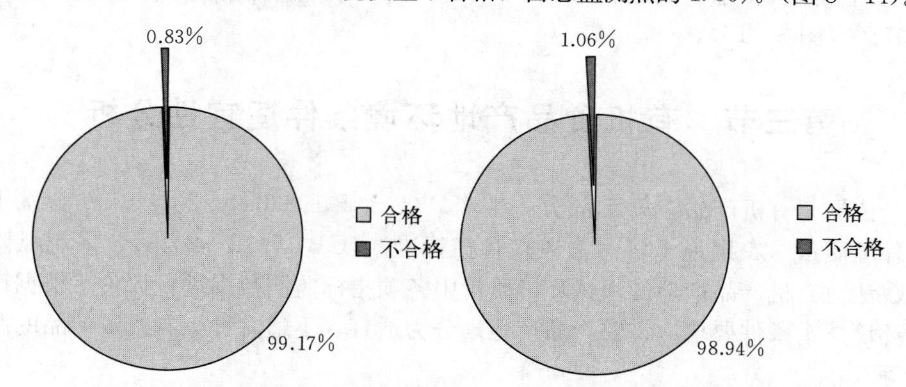

图 8-13　绿色食品产地环境条件重金属铅评价结果

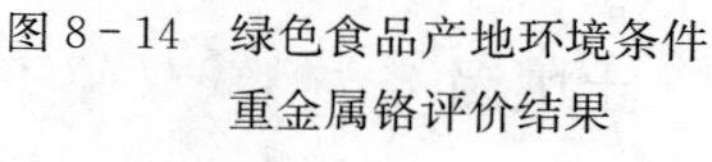

图 8-14　绿色食品产地环境条件重金属铬评价结果

六、土壤铜

通过对不同区域全部监测点进行监测，依据《绿色食品　产地环境质量》（NY/T 391—2013），用单项风险指数法对产地土壤 Cu 的污染情况进行评价，结果表明：在所有监测点中，共有 12 352 个点位产地环境质量合格，占总监测点的 98.83%；有 146 个点位产地环境质量不合格，占总监测点的 1.17%（图 8-15）。

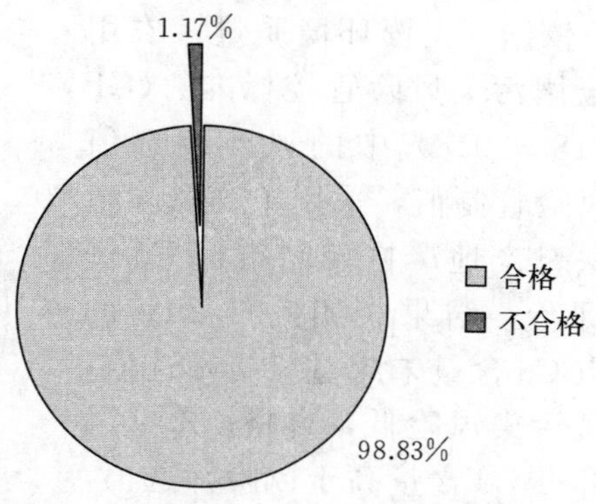

图 8-15　绿色食品产地环境条件重金属铜评价结果

七、综合评价

综合以上评价结果，依据《绿色食品　产地环境质量》（NY/T 391—2013），采用单项风险指数和综合风险指数相结合的方法，对全市全部监测点的产地环境质量进行评价，其中有 11 337 个监测点评价结果为适宜发展绿色食品生产，占 90.71%，365 个监测点评价结果为尚适宜发展绿色食品生产，占 2.92%，796 个监测点评价结果为不适宜发展绿色食品生产，占 6.37%（图 8-16）。

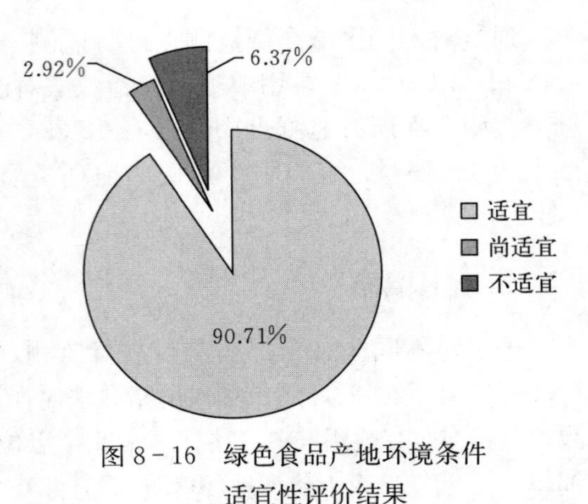

图 8-16　绿色食品产地环境条件适宜性评价结果

第三节　有机食品产地环境条件适宜性分析

依据《有机产品　第 1 部分：生产》（GB/T 19630.1—2019），结合《土壤环境质量　农用地土壤污染风险管控标准》（GB 15618—2018），采用风险指数法对有机产品产地的土壤环境质量中各项指标监测数据进行评价。根据产地环境技术条件要求，将农产品产地划分为适宜、不适宜种植有机农产品的两个等级。

一、土壤镉

依据《土壤环境质量　农用地土壤污染风险管控标准》（GB 15618—2018）中的风险筛选值和风险管制值，采用单项风险指数法对产地严格控制指标 Cd 进行评价，结果表明：97.20%的样点 Cd 含量未超过风险筛选值，土壤污染风险低，合格；2.80%的样点 Cd 含量高于风险筛选值，不合格（图 8-17）。

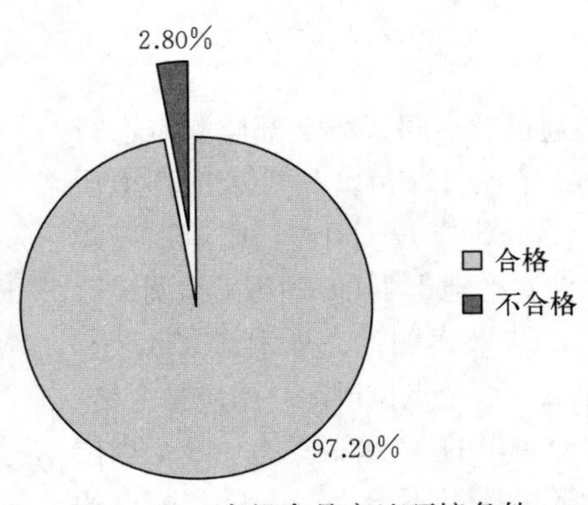

图 8-17　有机食品产地环境条件重金属镉评价结果

二、土壤汞

依据《土壤环境质量　农用地土壤污染风险管控标准》（GB 15618—2018）中的风险筛选值和风险管制值，采用单项风险指数法对产地严格控制指标 Hg 进行评价，结果表明：99.93%的样点 Hg 含量未超过风险筛选值，土壤污染风险低，合格；0.07%的样点 Hg 含量高于风险筛选值，不合格（图 8-18）。

三、土壤砷

依据《土壤环境质量　农用地土壤污染风险管控标准》（GB 15618—2018）中的风险筛选值和风险管制值，采用单项风险指数法对产地严格控制指标 As 进行评价，结果表明：99.69%的样点 As 含量未超过风险筛选值，土壤污染风险低，合格；0.31%的样点 As 含量高于风险筛选值，不合格（图 8-19）。

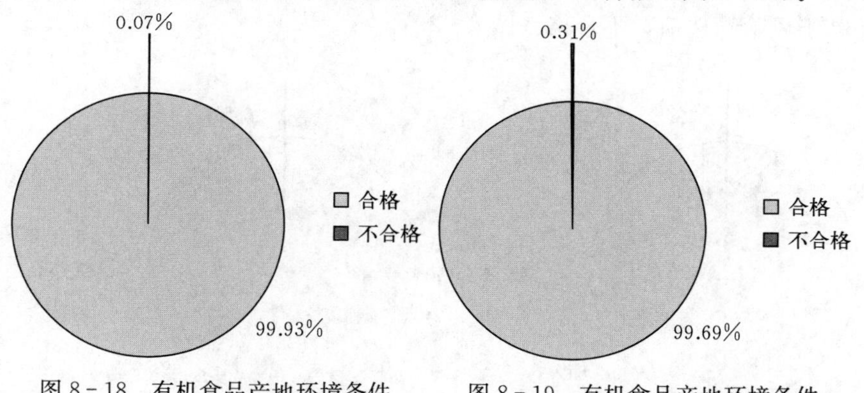

图 8-18　有机食品产地环境条件重金属汞评价结果

图 8-19　有机食品产地环境条件重金属砷评价结果

四、土壤铅

依据《土壤环境质量　农用地土壤污染风险管控标准》（GB 15618—2018）中的风险筛选值和风险管制值，采用单项风险指数法对产地严格控制指标 Pb 进行评价，结果表明：所有样点的 Pb 含量均低于风险管制值；99.83%的样点 Pb 含量未超过风险筛选值，土壤污染风险低，合格；0.17%的样点 Pb 含量高于风险筛选值，不合格（图 8-20）。

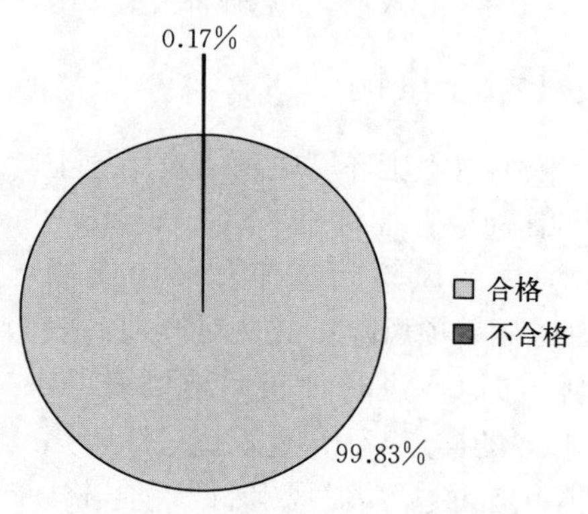

图 8-20　有机食品产地环境条件重金属铅评价结果

五、土壤铬

依据《土壤环境质量　农用地土壤污染风险管控标准》(GB 15618—2018)中的风险筛选值和风险管制值，采用单项风险指数法对产地严格控制指标 Cr 进行评价，结果表明：99.81%的样点 Cr 含量未超过风险筛选值，土壤污染风险低，合格；0.19%的样点 Cr 含量高于风险筛选值，不合格（图 8-21）。

六、土壤镍

依据《土壤环境质量　农用地土壤污染风险管控标准》(GB 15618—2018)中的风险筛选值和风险管制值，采用单项风险指数法对产地一般控制指标 Ni 进行评价，结果表明：所有样点的 Ni 含量均低于风险管制值；99.90%的样点 Ni 含量未超过风险筛选值，土壤污染风险低，合格；0.10%的样点 Ni 含量高于风险筛选值，不合格（图 8-22）。

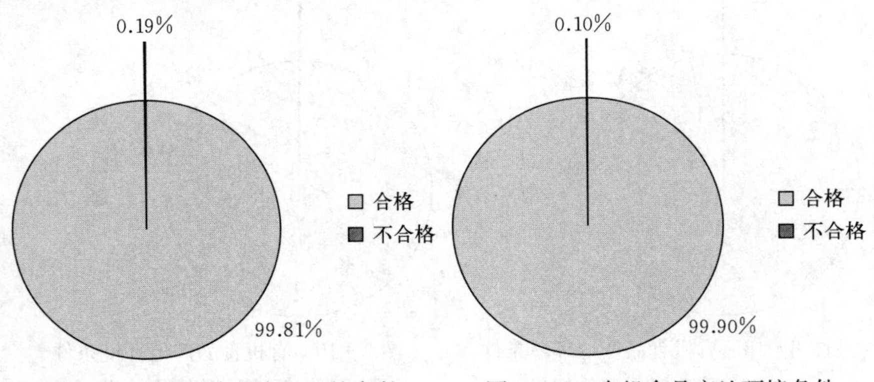

图 8-21　有机食品产地环境条件重金属铬评价结果

图 8-22　有机食品产地环境条件重金属镍评价结果

七、土壤铜

依据《土壤环境质量　农用地土壤污染风险管控标准》(GB 15618—2018)中的风险筛选值和风险管制值，采用单项风险指数法对产地一般控制指标 Cu 进行评价，结果表明：99.49%的样点 Cu 含量未超过风险筛选值，土壤污染风险低，合格；0.51%的样点 Cu 含量高于风险筛选值，不合格（图 8-23）。

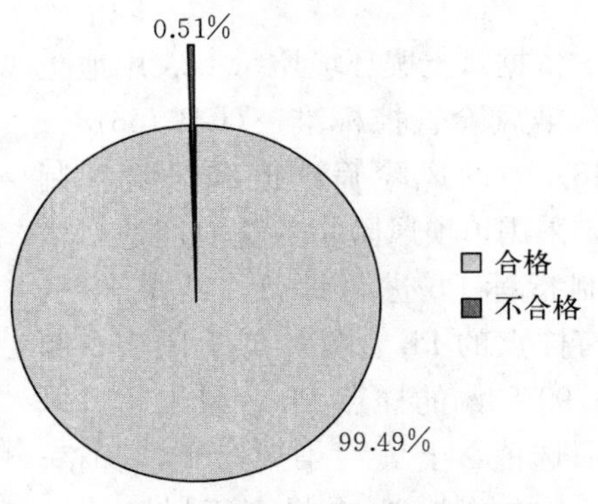

图 8-23　有机食品产地环境条件重金属铜评价结果

八、土壤锌

依据《土壤环境质量　农用地土壤污染风险管控标准》(GB 15618—2018）中的风险筛选值和风险管制值，采用单项风险指数法对产地一般控制指标 Zn 进行评价，结果表明：99.67%的样点 Zn 含量未超过风险筛选值，土壤污染风险低，合格；0.33%的样点 Zn 含量高于风险筛选值，不合格（图 8－24）。

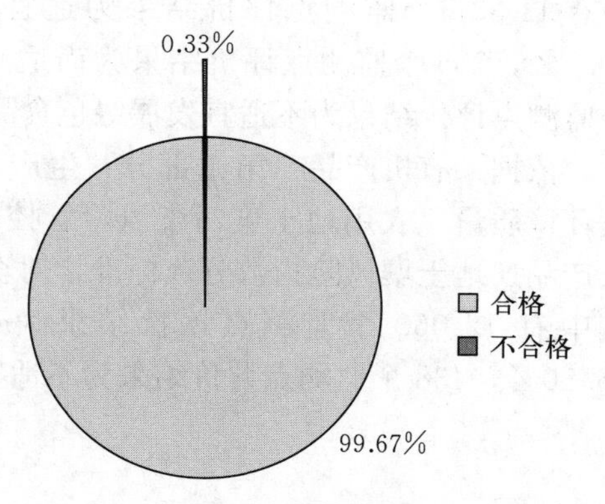

图 8－24　有机食品产地环境条件重金属锌评价结果

九、综合评价

综合以上评价结果，依据《有机产品　第 1 部分：生产》(GB/T 19630.1—2019)，结合《土壤环境质量　农用地土壤污染风险管控标准》(GB 15618—2018)，根据有机农产品产地土壤风险指数分级标准，对全部监测点的产地环境质量进行评价，其中有 12 060 个监测点评价结果为适宜有机产品生产，占总监测点的 96.50%，438 个监测点评价结果为不适宜有机产品生产，占总监测点的 3.50%（图 8－25）。

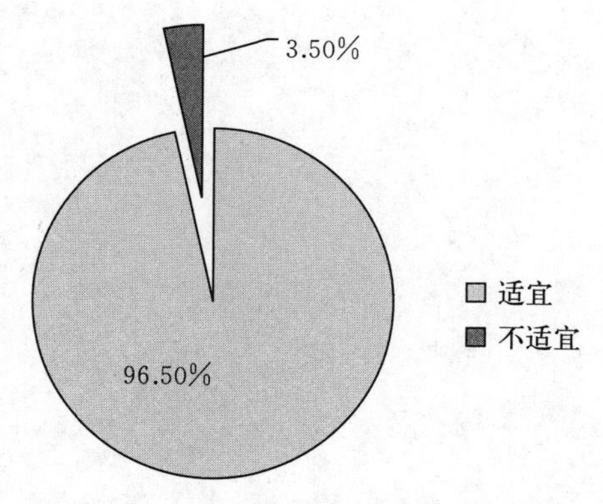

图 8－25　有机食品产地环境条件适宜性评价结果

第四节　小　　结

依据《无公害农产品　种植业产地环境条件》(NY/T 5010—2016)，用单项风险指数法和综合风险指数法，对全部监测点的产地环境质量进行评价，其中有 12 089 个监测点评价结果为适宜，占总监测点的 96.73%，409 个监测点评价结果为不适宜，占 3.27%。表明大部分地区适宜发展无公害农产品产业，对于不适宜发展无公害农产品的产地应采取一定的环境治理措施。

依据《绿色食品　产地环境质量》(NY/T 391—2013)，采用单项风险指数和综合风险指数相结合的方法，对全部监测点的产地环境质量进行评价，其中有 11 337 个监测点评价结果为适宜发展绿色食品生产，占总监测点的 90.7%，365 个监测点评价结果为尚适宜发展绿色食品生产，占 2.9%，796 个监测点评价结果为不适宜发展绿色食品生产，占 6.4%。

依据《有机产品　第 1 部分：生产》(GB/T 19630.1—2019)，结合《土壤环境质量　农用地土壤污染风险管控标准》(GB 15618—2018)，根据有机农产品产地土壤风险指数分级标准，对全部监测点的产地环境质量进行评价，其中有 12 060 个监测点评价结果为适宜有机产品生产，占总监测点的 96.50%，438 个监测点评价结果为不适宜有机产品生产，占 3.50%。

第九章　不同生态环境土壤重金属含量特征

根据作物的种植类型将农用地划分为粮经作物、蔬菜、果品和其他土壤。通过分析评价不同生态环境土壤中重金属的情况，可以得到在不同生态环境土壤中重金属特征，从而保障农业生产安全。

第一节　不同生态环境土壤重金属含量统计分析

一、土壤镉

表9-1为农用地不同生态环境土壤中Cd含量的统计情况，从表中数据可得出，粮经作物、蔬菜、果品及其他土壤中Cd的含量范围分别为0.01～3.78 mg/kg、0.05～9.58 mg/kg、0.05～13.22 mg/kg、0.07～0.32 mg/kg，算术平均值分别为0.16 mg/kg、0.18 mg/kg、0.20 mg/kg、0.14 mg/kg。

表9-1　农用地不同生态环境土壤中Cd含量统计情况（mg/kg）

种植类型	样点数（个）	顺序统计量									算术平均值	标准误差
		最小值	5%值	10%值	25%值	中位值	75%值	90%值	95%值	最大值		
粮经作物	7 881	0.01	0.10	0.11	0.12	0.15	0.17	0.22	0.27	3.78	0.16	0.10
蔬菜	2 240	0.05	0.09	0.10	0.12	0.15	0.19	0.26	0.33	9.58	0.18	0.23
果品	2 235	0.05	0.10	0.11	0.13	0.16	0.20	0.26	0.32	13.22	0.20	0.35
其他	142	0.07	0.08	0.09	0.11	0.13	0.16	0.19	0.23	0.32	0.14	0.04

二、土壤汞

表9-2为农用地不同生态环境土壤中Hg含量的统计情况，从表中数据可得出，粮经作物、蔬菜、果品及其他土壤中Hg的含量范围分别为0.004～11.92 mg/kg、0.01～1.92 mg/kg、0.004～1.36 mg/kg、0.01～1.32 mg/kg，算术平均值分别为0.08 mg/kg、0.08 mg/kg、0.08 mg/kg、0.09 mg/kg。

表 9-2　农用地不同生态环境土壤中 Hg 含量统计情况（mg/kg）

种植类型	样点数（个）	顺序统计量									算术平均值	标准误差
		最小值	5%值	10%值	25%值	中位值	75%值	90%值	95%值	最大值		
粮经作物	7 881	0.004	0.02	0.03	0.04	0.05	0.08	0.13	0.21	11.92	0.08	0.24
蔬菜	2 240	0.01	0.02	0.02	0.03	0.05	0.08	0.14	0.22	1.92	0.08	0.12
果品	2 235	0.004	0.02	0.03	0.04	0.05	0.08	0.14	0.22	1.36	0.08	0.10
其他	142	0.01	0.01	0.02	0.03	0.04	0.08	0.18	0.34	1.32	0.09	0.15

三、土壤砷

表 9-3 为农用地不同生态环境土壤中 As 含量的统计情况，从表中数据可得出，粮经作物、蔬菜、果品及其他土壤中 As 的含量范围分别为 1.50～80.59 mg/kg、0.35～30.69 mg/kg、2.04～2 917.21 mg/kg、2.45～17.73 mg/kg，算术平均值分别为 8.41 mg/kg、7.84 mg/kg、12.58 mg/kg、7.22 mg/kg。

表 9-3　农用地不同生态环境土壤中 As 含量统计情况（mg/kg）

种植类型	样点数（个）	顺序统计量									算术平均值	标准误差
		最小值	5%值	10%值	25%值	中位值	75%值	90%值	95%值	最大值		
粮经作物	7 881	1.50	5.10	5.93	7.08	8.34	9.67	10.78	11.48	80.59	8.41	2.44
蔬菜	2 240	0.35	4.83	5.58	6.78	7.83	8.89	9.95	10.59	30.69	7.84	1.87
果品	2 235	2.04	5.20	5.89	7.16	8.56	9.94	11.43	12.97	2 917.21	12.58	74.24
其他	142	2.45	3.92	4.59	5.63	7.37	8.65	9.69	10.69	17.73	7.22	2.22

四、土壤铅

表 9-4 为农用地不同生态环境土壤中 Pb 含量的统计情况，从表中数据可

表 9-4　农用地不同生态环境土壤中 Pb 含量统计情况（mg/kg）

种植类型	样点数（个）	顺序统计量									算术平均值	标准误差
		最小值	5%值	10%值	25%值	中位值	75%值	90%值	95%值	最大值		
粮经作物	7 881	0.07	17.29	18.74	20.64	22.54	24.97	28.44	31.57	229.08	23.54	7.45
蔬菜	2 240	5.70	16.68	18.00	19.92	22.12	24.41	27.71	30.64	407.99	22.87	9.57
果品	2 235	2.34	17.44	19.23	21.37	23.76	27.00	32.25	38.72	306.48	26.27	15.95
其他	142	13.72	17.32	19.07	20.30	22.43	24.42	27.71	30.46	37.69	22.75	3.66

得出，粮经作物、蔬菜、果品及其他土壤中 Pb 的含量范围分别为 0.07～229.08 mg/kg、5.70～407.99 mg/kg、2.34～306.48 mg/kg、13.72～37.69 mg/kg，算术平均值分别为 23.54 mg/kg、22.87 mg/kg、26.27 mg/kg、22.75 mg/kg。

五、土壤铬

表 9-5 为农用地不同生态环境土壤中 Cr 含量的统计情况，从表中数据可得出，粮经作物、蔬菜、果品及其他土壤中 Cr 的含量范围分别为 0.23～1 041.10 mg/kg、19.39～243.69 mg/kg、15.45～1 597.46 mg/kg、32.85～142.79 mg/kg，算术平均值分别为 59.37 mg/kg、61.61 mg/kg、61.71 mg/kg、59.57 mg/kg。

表 9-5　农用地不同生态环境土壤中 Cr 含量统计情况（mg/kg）

种植类型	样点数（个）	顺序统计量									算术平均值	标准误差
		最小值	5%值	10%值	25%值	中位值	75%值	90%值	95%值	最大值		
粮经作物	7 881	0.23	42.03	45.49	50.91	57.07	64.08	73.04	81.45	1 041.10	59.37	20.59
蔬菜	2 240	19.39	44.76	48.39	53.76	59.41	66.84	75.56	82.80	243.69	61.61	15.01
果品	2 235	15.45	43.13	47.02	52.45	59.04	66.34	75.98	84.80	1 597.46	61.71	36.39
其他	142	32.85	41.89	45.28	51.13	56.54	61.94	71.36	96.04	142.79	59.57	17.59

六、土壤镍

表 9-6 为农用地不同生态环境土壤中 Ni 含量的统计情况，从表中数据可得出，粮经作物、蔬菜、果品及其他土壤中 Ni 的含量范围分别为 0.04～820.44 mg/kg、6.89～72.88 mg/kg、5.96～537.23 mg/kg、12.21～102.16 mg/kg，算术平均值分别为 25.22 mg/kg、24.86 mg/kg、25.73 mg/kg、24.01 mg/kg。

表 9-6　农用地不同生态环境土壤中 Ni 含量统计情况（mg/kg）

种植类型	样点数（个）	顺序统计量									算术平均值	标准误差
		最小值	5%值	10%值	25%值	中位值	75%值	90%值	95%值	最大值		
粮经作物	7 881	0.04	17.23	19.06	21.48	24.28	27.56	31.59	35.16	820.44	25.22	11.29
蔬菜	2 240	6.89	16.86	18.93	21.47	24.38	27.67	31.38	34.27	72.88	24.86	5.63
果品	2 235	5.96	17.83	19.22	21.95	25.35	28.56	31.70	33.99	537.23	25.73	12.20
其他	142	12.21	15.13	16.34	19.35	22.59	26.40	30.31	37.58	102.16	24.01	9.26

七、土壤铜

表 9－7 为农用地不同生态环境土壤中 Cu 含量的统计情况，从表中数据可得出，粮经作物、蔬菜、果品及其他土壤中 Cu 的含量范围分别为 0.09～511.68 mg/kg、9.02～141.70 mg/kg、7.25～366.03 mg/kg、9.59～78.85 mg/kg，算术平均值分别为 22.48 mg/kg、25.70 mg/kg、26.78 mg/kg、23.23 mg/kg。

表 9－7 农用地不同生态环境土壤中 Cu 含量统计情况（mg/kg）

种植类型	样点数（个）	顺序统计量									算术平均值	标准误差
		最小值	5%值	10%值	25%值	中位值	75%值	90%值	95%值	最大值		
粮经作物	7 881	0.09	14.53	15.95	18.23	20.98	24.50	29.68	34.50	511.68	22.48	10.00
蔬菜	2 240	9.02	15.03	16.38	19.16	22.89	28.41	36.53	45.49	141.70	25.70	12.02
果品	2 235	7.25	14.85	16.65	20.15	23.79	29.02	37.59	46.68	366.03	26.78	15.17
其他	142	9.59	12.17	13.38	17.22	21.25	25.37	33.28	49.15	78.85	23.23	11.10

八、土壤锌

表 9－8 为农用地不同生态环境土壤中 Zn 含量的统计情况，从表中数据可得出，粮经作物、蔬菜、果品及其他土壤中 Zn 的含量范围分别为 0.20～701.18 mg/kg、30.75～342.83 mg/kg、22.97～2027.70 mg/kg、28.06～104.80 mg/kg，算术平均值分别为 68.82 mg/kg、76.21 mg/kg、77.88 mg/kg、66.64 mg/kg。

表 9－8 农用地不同生态环境土壤中 Zn 含量统计情况（mg/kg）

种植类型	样点数（个）	顺序统计量									算术平均值	标准误差
		最小值	5%值	10%值	25%值	中位值	75%值	90%值	95%值	最大值		
粮经作物	7 881	0.20	48.52	52.18	58.05	65.04	73.78	86.20	98.33	701.18	68.82	24.23
蔬菜	2 240	30.75	50.23	53.72	60.32	70.09	84.73	102.87	123.85	342.83	76.21	26.69
果品	2 235	22.97	49.79	54.40	62.14	70.88	82.57	97.72	111.69	2027.70	77.88	57.87
其他	142	28.06	43.97	48.65	58.14	66.26	73.80	86.86	96.66	104.80	66.64	14.57

第二节 不同生态环境土壤重金属分布特征

一、土壤镉

根据表 9－1 中的数据可以计算得出各个生态环境土壤中镉含量的变异系

数，按照变异系数结果的先后顺序：果品>蔬菜>粮经作物>其他，用SigmaPlot作图软件绘制了农用地不同生态环境土壤的Cd含量盒状分布图，见图9-1。从图中可以看出不同生态环境土壤中Cd含量的集中分布范围。总体而言，粮经作物、蔬菜、果品及其他土壤中分别有96.40%、93.48%、93.65%、97.89%的样点Cd含量位于0～0.3 mg/kg，同时，粮经作物、蔬菜、果品及其他土壤中Cd的90%含量值分别是10%含量值的2.08倍、2.47倍、2.33倍和2.07倍。4种种植类型Cd含量的上、下误差线以外的离散值中最大值与最小值相差0.25～13.17 mg/kg。

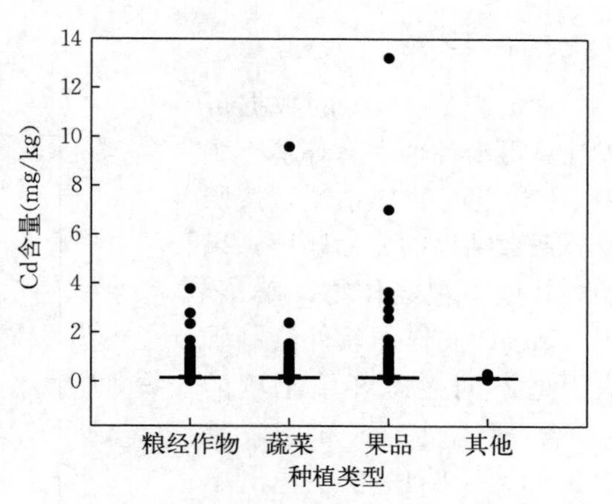

图9-1　农用地不同生态环境土壤的Cd含量盒状分布图

二、土壤汞

根据表9-2中的数据可以计算得出各个生态环境土壤中Hg含量的变异系数，按照变异系数结果的先后顺序：粮经作物>其他>蔬菜>果品，用SigmaPlot作图软件绘制了农用地不同生态环境土壤的Hg含量盒状分布图，见图9-2。从图中可以看出不同生态环境土壤中Hg含量的集中分布范围。总体而言，粮经作物、蔬菜、果品及其他土壤中分别有98.71%、98.71%、98.84%、98.59%的样点Hg含量位于0～0.5 mg/kg，同时，粮经作物、蔬菜、果品及其他土壤中Hg的90%含量值分别是10%含量值的5.15倍、5.95倍、5.64倍和10.01倍。4种种植类型Hg含量的上、下误差线以外的离散值中最大值与最小值相差1.31～11.91 mg/kg。

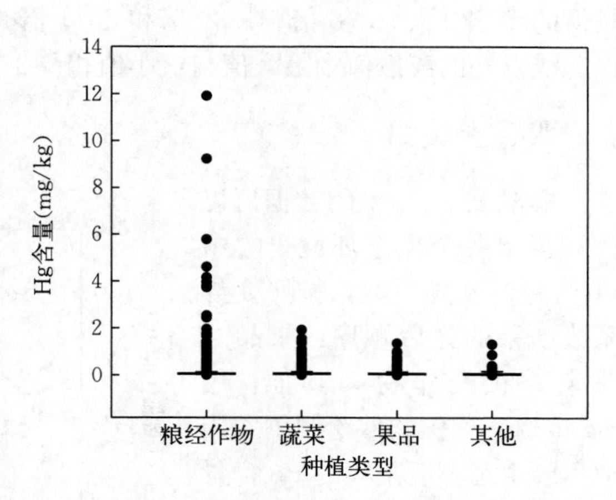

图9-2　农用地不同生态环境土壤的Hg含量盒状分布图

三、土壤砷

根据表 9-3 中的数据可以计算得出各个生态环境土壤中 As 含量的变异系数，按照变异系数结果的先后顺序：果品>其他>粮经作物>蔬菜，用 SigmaPlot 作图软件绘制了农用地不同生态环境土壤的 As 含量盒状分布图，见图 9-3。从图中可以看出不同生态环境土壤中 As 含量的集中分布范围。总体而言，粮经作物、蔬菜土壤中分别有 96.84%、98.71% 的样点 As 含量位于 0～12.0 mg/kg，果品、其他土壤中分别有 98.52%、92.25%的样点 As 含量位于 0～10.0 mg/kg，同时，粮经作物、蔬菜、果品及其他土壤中 As 的 90%含量值是分别 10%含量值的 1.82 倍、1.78 倍、1.94 倍和 2.11 倍。4 种种植类型 As 含量的上、下误差线以外的离散值中最大值与最小值相差 15.28～2 915.17 mg/kg。

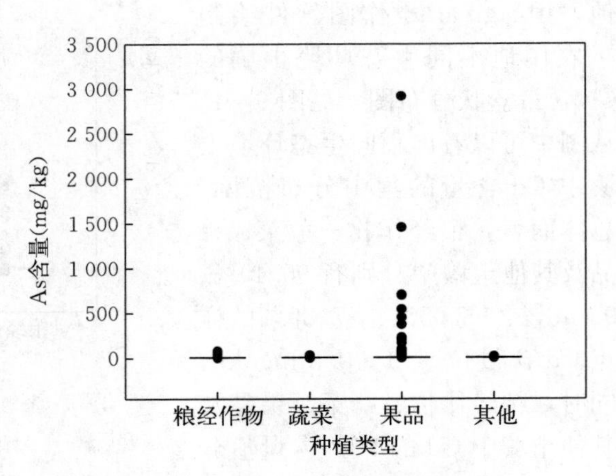

图 9-3　农用地不同生态环境土壤的 As 含量盒状分布图

四、土壤铅

根据表 9-4 中的数据可以计算得出各个生态环境土壤中 Pb 含量的变异系数，按照变异系数结果的先后顺序：果品>蔬菜>粮经作物>其他，用 SigmaPlot 作图软件绘制了农用地不同生态环境土壤的 Pb 含量盒状分布图，见图 9-4。从图中可以看出不同生态环境土壤中 Pb 含量的集中分布范围。总体而言，粮经作物、蔬菜、果品及其他土壤中分别有 92.89%、94.20%、85.37%、94.37%的

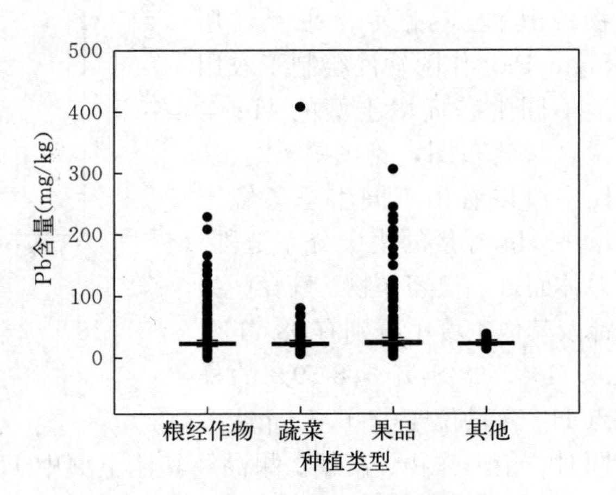

图 9-4　农用地不同生态环境土壤的 Pb 含量盒状分布图

样点 Pb 含量位于 0～30 mg/kg，同时，粮经作物、蔬菜、果品及其他土壤中 Pb 的 90%含量值分别是 10%含量值的 1.52 倍、1.54 倍、1.68 倍和 1.45 倍。4 种种植类型 Pb 含量的上、下误差线以外的离散值中最大值与最小值相差 23.97～402.29 mg/kg。

五、土壤铬

根据表 9-5 中的数据可以计算得出各个生态环境土壤中 Cr 含量的变异系数，按照变异系数结果的先后顺序：果品＞粮经作物＞其他＞蔬菜，用 SigmaPlot作图软件绘制了农用地不同生态环境土壤的 Cr 含量盒状分布图，见图 9-5。从图中可以看出不同生态环境土壤中 Cr 含量的集中分布范围。总体而言，粮经作物、蔬菜、果品及其他土壤中分别有 94.44%、93.62%、92.75%、93.66%的样点 Cr 含量位于 0～80 mg/kg，同时，粮经作物、蔬菜、果品及其他土壤中 Cr 的 90%含量值分别是 10%含量值的 1.61 倍、1.56 倍、1.62 倍和 1.58 倍。4 种种植类型 Cr 含量的上、下误差线以外的离散值中最大值与最小值相差 109.94～1 582.01 mg/kg。

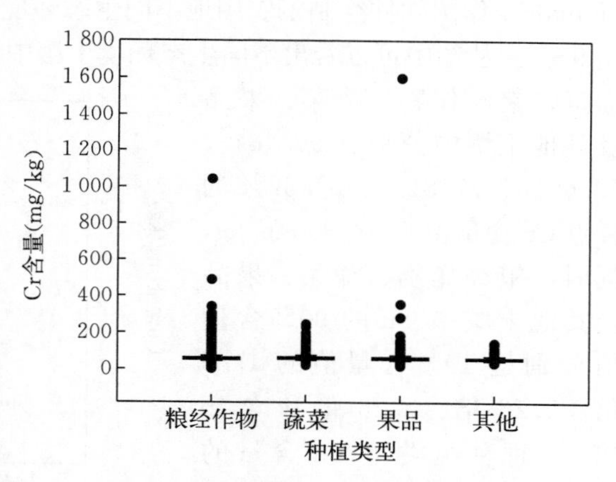

图 9-5　农用地不同生态环境土壤的 Cr 含量盒状分布图

六、土壤镍

根据表 9-6 中的数据可以计算得出各个生态环境土壤中 Ni 含量的变异系数，按照变异系数结果的先后顺序：果品＞粮经作物＞其他＞蔬菜，用 SigmaPlot 作图软件绘制了农用地不同生态环境土壤的 Ni 含量盒状分布图，见图 9-6。从图中可以看出不同生态环境土壤中 Ni 含量的集中分布范围。总

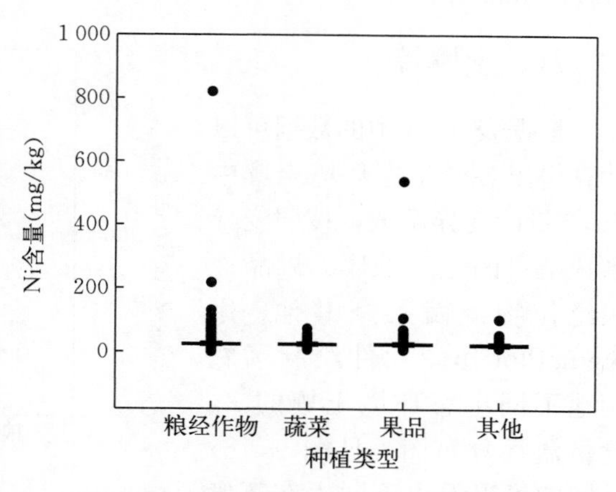

图 9-6　农用地不同生态环境土壤的 Ni 含量盒状分布图

体而言，粮经作物、蔬菜、果品及其他土壤中分别有 97.78%、93.08%、82.73%、96.48%的样点 Ni 含量位于 0～40 mg/kg、0～33 mg/kg、0～30 mg/kg、0～40 mg/kg，同时，粮经作物、蔬菜、果品及其他土壤中 Ni 的 90%含量值分别是 10%含量值的 1.66 倍、1.66 倍、1.65 倍和 1.85 倍。4 种种植类型 Ni 含量的上、下误差线以外的离散值中最大值与最小值相差 66.0～820.40 mg/kg。

七、土壤铜

根据表 9-7 中的数据可以计算得出各个生态环境土壤中 Cu 含量的变异系数，按照变异系数结果的先后顺序：果品＞其他＞蔬菜＞粮经作物，用 SigmaPlot作图软件绘制了农用地不同生态环境土壤的 Cu 含量盒状分布图，见图 9-7。从图中可以看出不同生态环境土壤中 Cu 含量的集中分布范围。总体而言，粮经作物、蔬菜、果品及其他土壤中分别有 90.43%、79.69%、77.81%、87.32%的样点 Cu 含量位于 0～30 mg/kg，同时，粮经作物、蔬菜、果品及其他土壤中 Cu 的 90%含量值分别是 10%含量值的 1.86 倍、2.23 倍、2.26 倍和 2.49 倍。4 种种植类型 Cu 含量的上、下误差线以外的离散值中最大值与最小值相差 69.26～511.59 mg/kg。

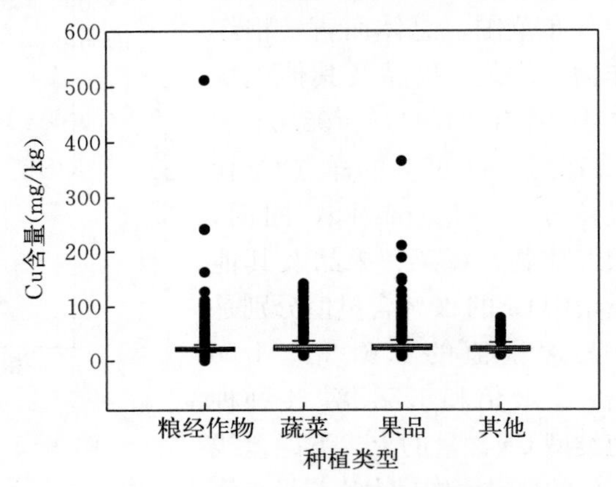

图 9-7 农用地不同生态环境土壤的 Cu 含量盒状分布图

八、土壤锌

根据表 9-8 中的数据可以计算得出各个生态环境土壤中 Zn 含量的变异系数，按照变异系数结果的先后顺序：果品＞粮经作物＞蔬菜＞其他，用 SigmaPlot 作图软件绘制了农用地不同生态环境土壤的 Zn 含量盒状分布图，见图 9-8。从图中可以看出不同生态环境土壤中 Zn 含量的集中分布范

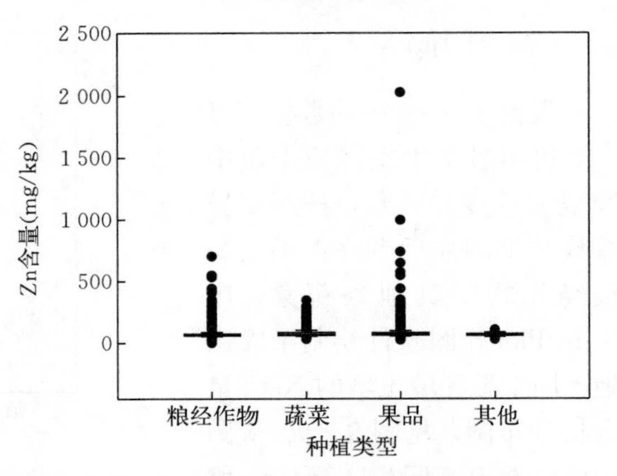

图 9-8 农用地不同生态环境土壤的 Zn 含量盒状分布图

围。总体而言，粮经作物、蔬菜、果品及其他土壤中分别有 84.68%、69.78%、71.01%、83.10%的样点 Zn 含量位于 0～80 mg/kg，同时，粮经作物、蔬菜、果品及其他土壤中 Zn 的 90%含量值分别是 10%含量值的 1.65 倍、1.92 倍、1.80 倍和 1.79 倍。4 种种植类型 Zn 含量的上、下误差线以外的离散值中最大值与最小值相差 76.74～2 004.73 mg/kg。

第三节　不同生态环境土壤重金属频数与累计频率分布特征

一、土壤镉

如图 9-9 所示，按照土壤中 Cd 含量的高低将其分为若干个区间范围，计算得出各区间的频数和频率，再依次得出累积频率。虽然 Cd 含量呈现偏态分布，但是各个区间的频数统一表现为先增加后减少的规律。粮经作物、蔬菜、果品及其他土壤中 Cd 含量分别集中分布在 0.1～0.2 mg/kg、0.1～0.2 mg/kg、

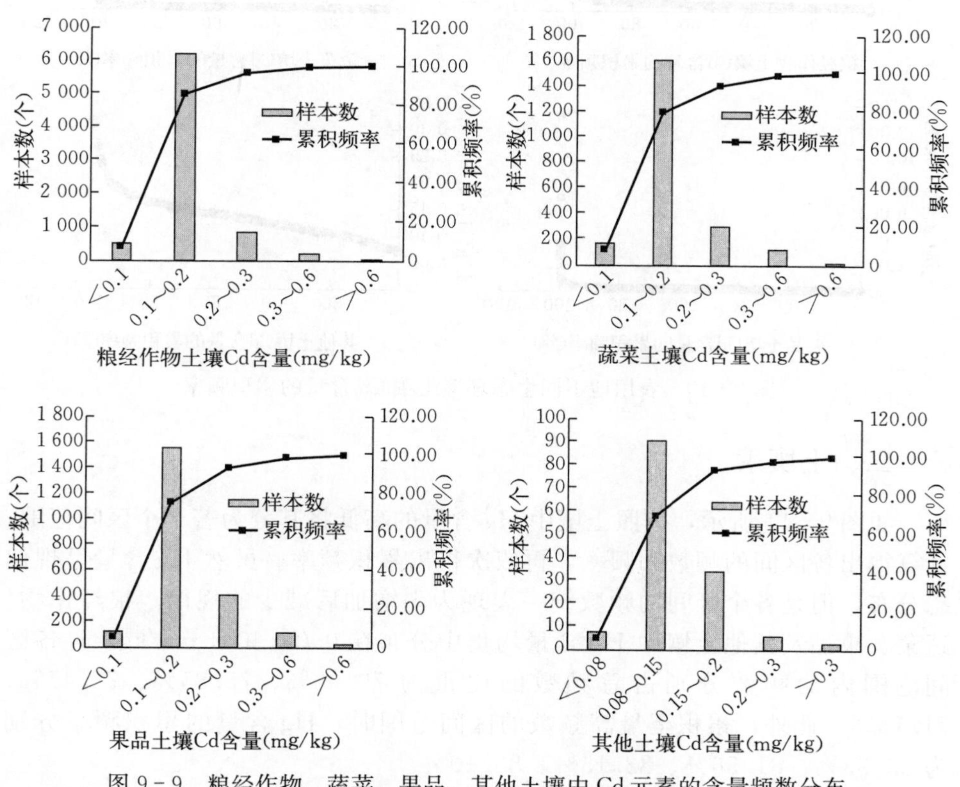

图 9-9　粮经作物、蔬菜、果品、其他土壤中 Cd 元素的含量频数分布

0.1～0.2 mg/kg、0.08～0.15 mg/kg，且各区间范围内的频数分别占总频数的比重为 78.81％、71.79％、69.84％、64.08％。此外，累积至最高频数的区间范围时，Cd 含量的累积频率分别为 85.53％、79.73％、75.30％、69.72％。

根据农用地不同生态环境土壤中 Cd 含量的累积频率（图 9－10），土壤重金属安全范围值参考《土壤与环境质量标准》（GB 15618—2018）中农用地土壤污染风险筛选值的规定，Cd 的超标情况分析如下：粮经作物土壤中样点超标率为 1.76％；蔬菜土壤中样点超标率为 4.42％；果品土壤中样点超标率为 4.88％；其他土壤中样点超标率为 2.11％。

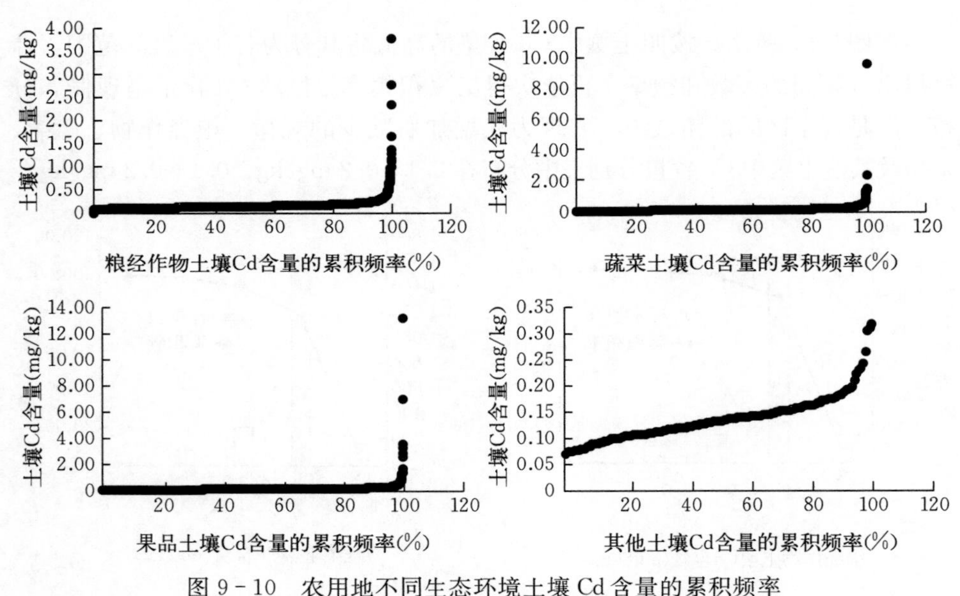

图 9－10　农用地不同生态环境土壤 Cd 含量的累积频率

二、土壤汞

如图 9－11 所示，按照土壤中 Hg 含量的高低将其分为若干个区间范围，计算得出各区间的频数和频率，再依次得出累积频率。虽然 Hg 含量呈现偏态分布，但是各个区间的频数统一表现为先增加后减少的规律。粮经作物、蔬菜、果品及其他土壤中 Hg 含量均集中分布在 0.02～0.1 mg/kg，且各区间范围内的频数分别占总频数的比重为 79.03％、75.85％、77.45％、71.13％。此外，累积至最高频数的区间范围时，Hg 含量的累积频率分别为 83.33％、81.56％、82.15％、83.10％。

根据农用地不同生态环境土壤中 Hg 含量的累积频率（图 9－12），土壤

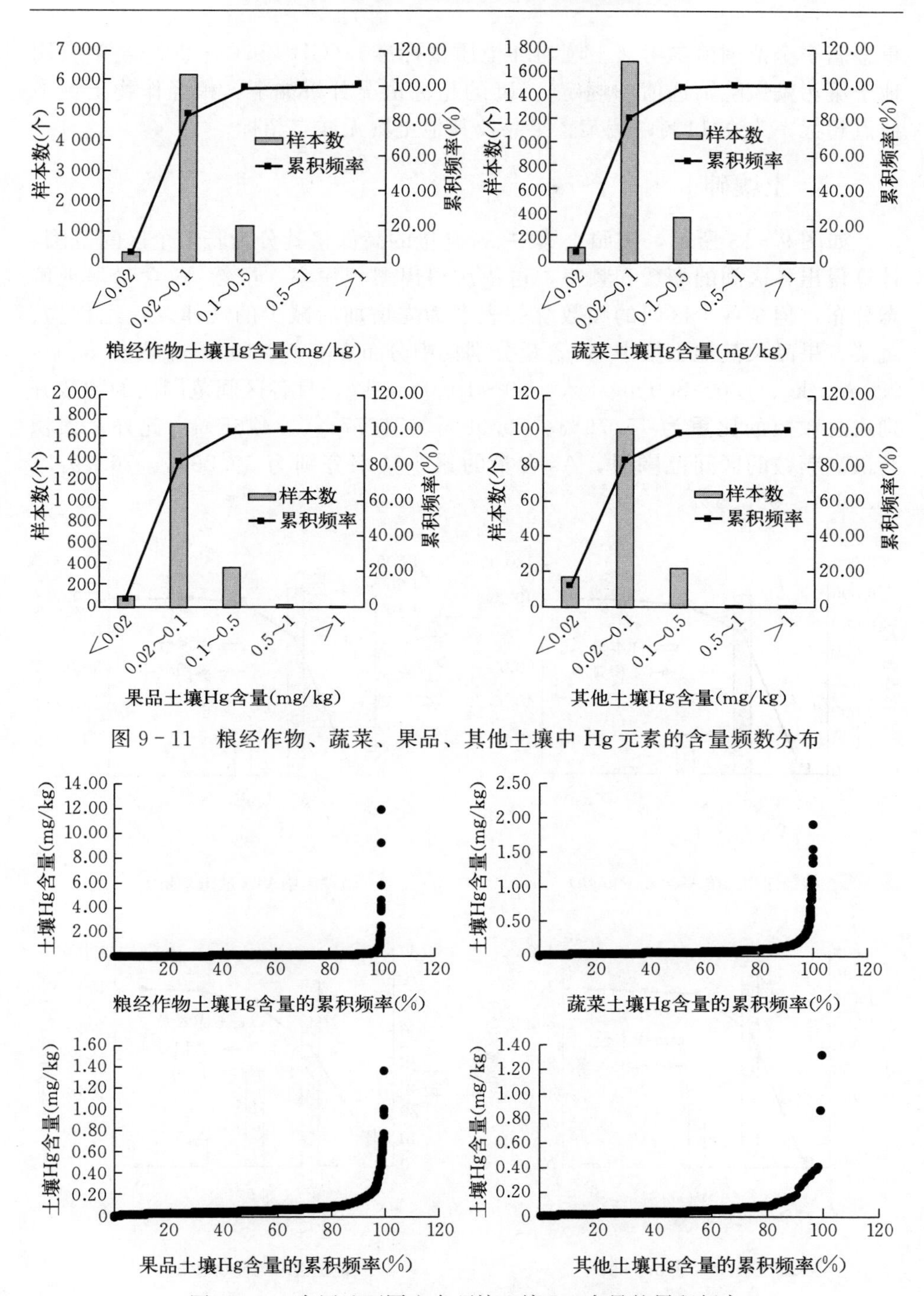

图 9-11　粮经作物、蔬菜、果品、其他土壤中 Hg 元素的含量频数分布

图 9-12　农用地不同生态环境土壤 Hg 含量的累积频率

重金属安全范围值参考《土壤与环境质量标准》（GB 15618—2018）中农用地土壤污染风险筛选值的规定，Hg 的超标情况分析如下：粮经作物土壤中样点超标率为 0.11%；蔬菜、果品及其他土壤无样点超标。

三、土壤砷

如图 9-13 所示，按照土壤中 As 含量的高低将其分为若干个区间范围，计算得出各区间的频数和频率，再依次得出累积频率。虽然 As 含量呈现偏态分布，但是各个区间的频数统一表现为先增加后减少的规律。粮经作物、蔬菜、果品及其他土壤中 As 含量分别集中分布在 5.0～10.0 mg/kg、5.0～9.0 mg/kg、7.0～8.0 mg/kg、5.0～10.0 mg/kg，且各区间范围内的频数分别占总频数的比重为 75.76%、70.98%、71.77%、74.65%。此外，累积至最高频数的区间范围时，As 含量的累积频率分别为 80.26%、76.79%、75.66%、92.25%。

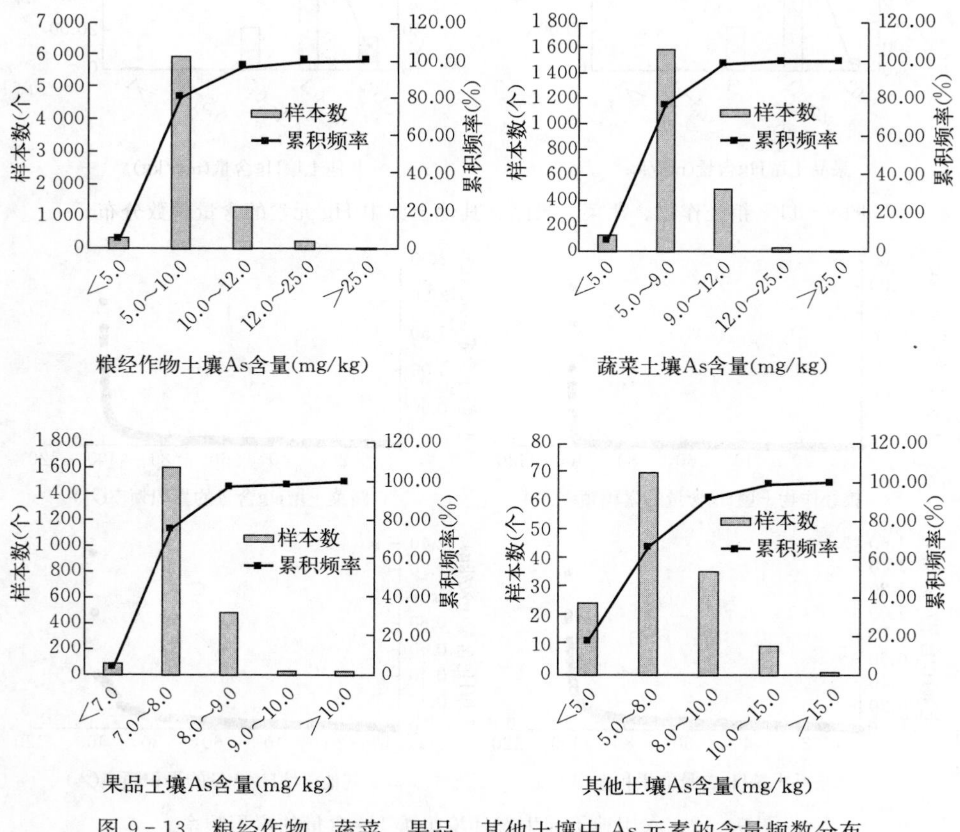

图 9-13 粮经作物、蔬菜、果品、其他土壤中 As 元素的含量频数分布

根据农用地不同生态环境土壤中 As 含量的累积频率（图 9-14），土壤重金属安全范围值参考《土壤与环境质量标准》（GB 15618—2018）中农用地土壤污染风险筛选值的规定，As 的超标情况分析如下：粮经作物土壤中样点超标率为 0.11%；蔬菜土壤中样点超标率为 0.04%；果品土壤中样点超标率为 1.25%；其他土壤中没有样点超标。

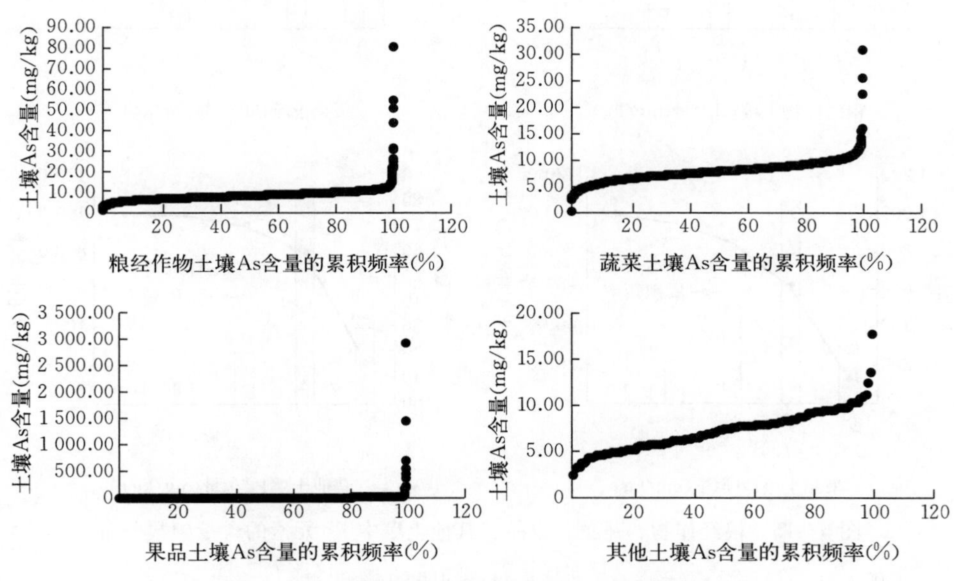

图 9-14　农用地不同生态环境土壤 As 含量的累积频率

四、土壤铅

如图 9-15 所示，按照土壤中 Pb 含量的高低将其分为若干个区间范围，计算得出各区间的频数和频率，再依次得出累积频率。虽然 Pb 含量呈现偏态分布，但是各个区间的频数统一表现为先增加后减少的规律。粮经作物、蔬菜、果品及其他土壤中 Pb 含量均集中分布在 20～30 mg/kg，且各区间范围内的频数分别占总频数的比重为 74.61%、68.48%、71.50%、73.24%。此外，累积至最高频数的区间范围时，Pb 含量的累积频率分别为 92.89%、94.20%、85.37%、94.37%。

根据农用地不同生态环境土壤中 Pb 含量的累积频率（图 9-16），土壤重金属安全范围值参考《土壤与环境质量标准》（GB 15618—2018）中农用地土壤污染风险筛选值的规定，Pb 的超标情况分析如下：粮经作物土壤中样点超标率为 0.08%；蔬菜土壤中样点超标率为 0.04%；果品土壤中样点超标率为 0.58%；其他土壤中样点超标率为 0.70%。

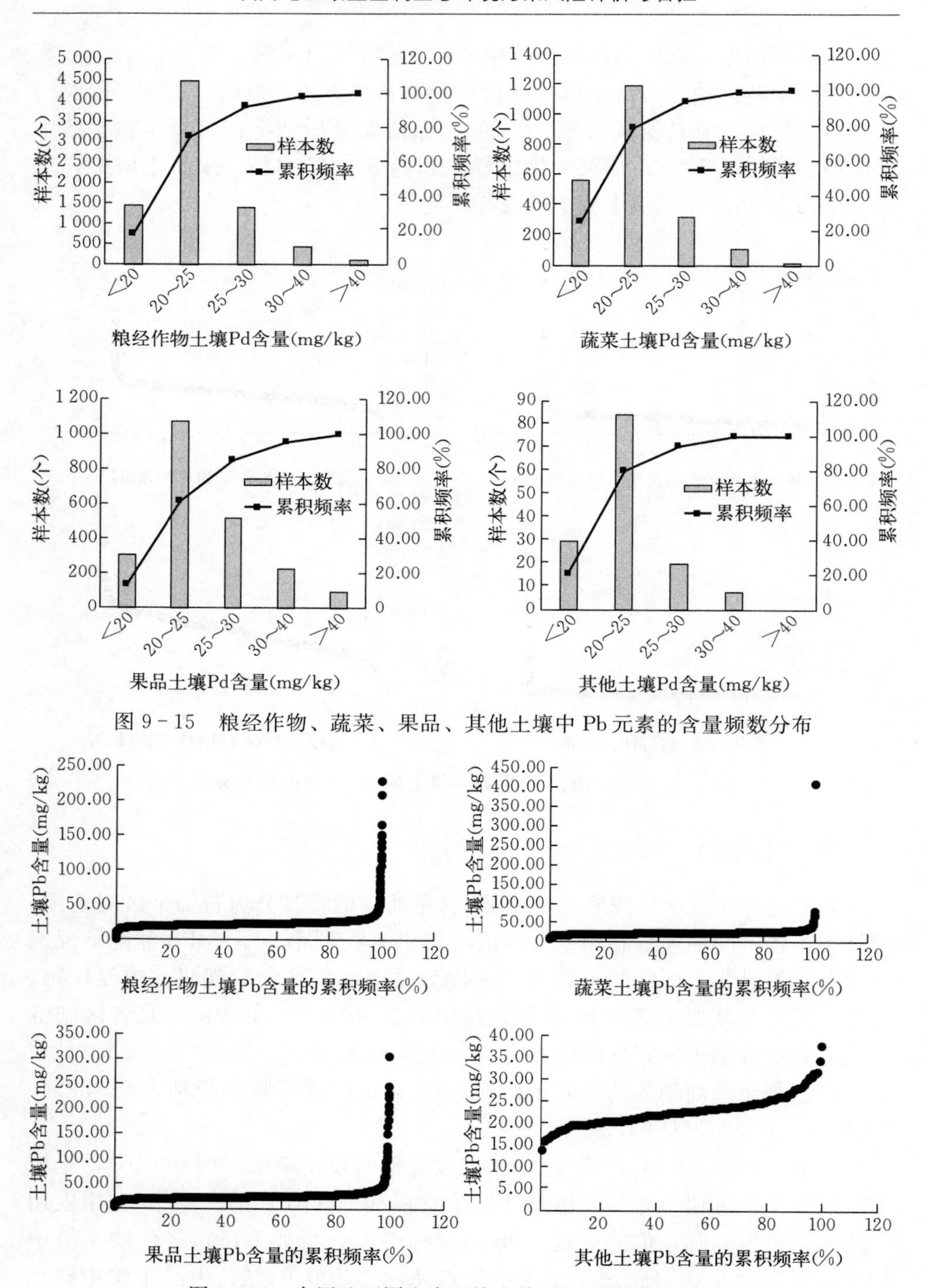

图 9-15　粮经作物、蔬菜、果品、其他土壤中 Pb 元素的含量频数分布

图 9-16　农用地不同生态环境土壤 Pb 含量的累积频率

五、土壤铬

如图 9-17 所示，按照土壤中 Cr 含量的高低将其分为若干个区间范围，计算得出各区间的频数和频率，再依次得出累积频率。虽然 Cr 含量呈现偏态分布，但是各个区间的频数统一表现为先增加后减少的规律。粮经作物、蔬菜、果品及其他土壤中 Cr 含量分别集中分布在 40～80 mg/kg、50～80 mg/kg、45～80 mg/kg、50～80 mg/kg，且各区间范围内的频数分别占总频数的比重为 90.93%、80.04%、85.37%、73.24%。此外，累积至最高频数的区间范围时，Cr 含量的累积频率分别为 94.44%、93.62%、92.75%、93.66%。

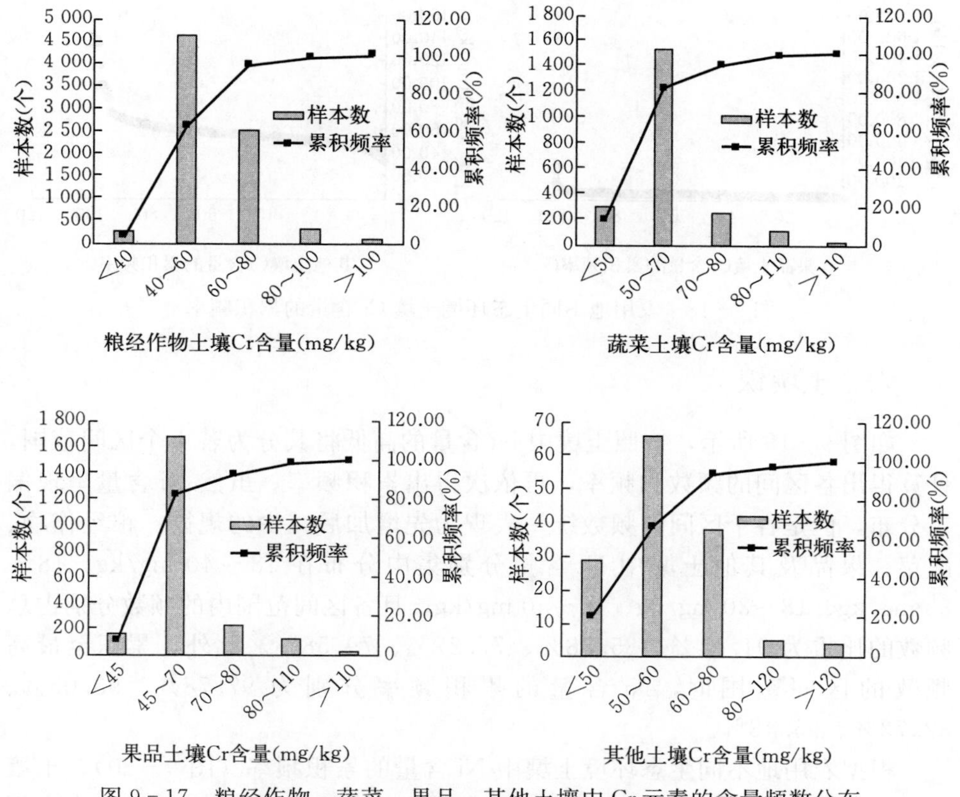

图 9-17　粮经作物、蔬菜、果品、其他土壤中 Cr 元素的含量频数分布

根据农用地不同生态环境土壤中 Cr 含量的累积频率（图 9-18），土壤重金属安全范围值参考《土壤与环境质量标准》（GB1 5618—2018）中农用地土壤污染风险筛选值的规定，Cr 的超标情况分析如下：粮经作物土壤中

样点超标率为 0.24%；蔬菜土壤中样点超标率为 0.09%；果品土壤中样点超标率为 0.13%；其他土壤中样点均未超标。

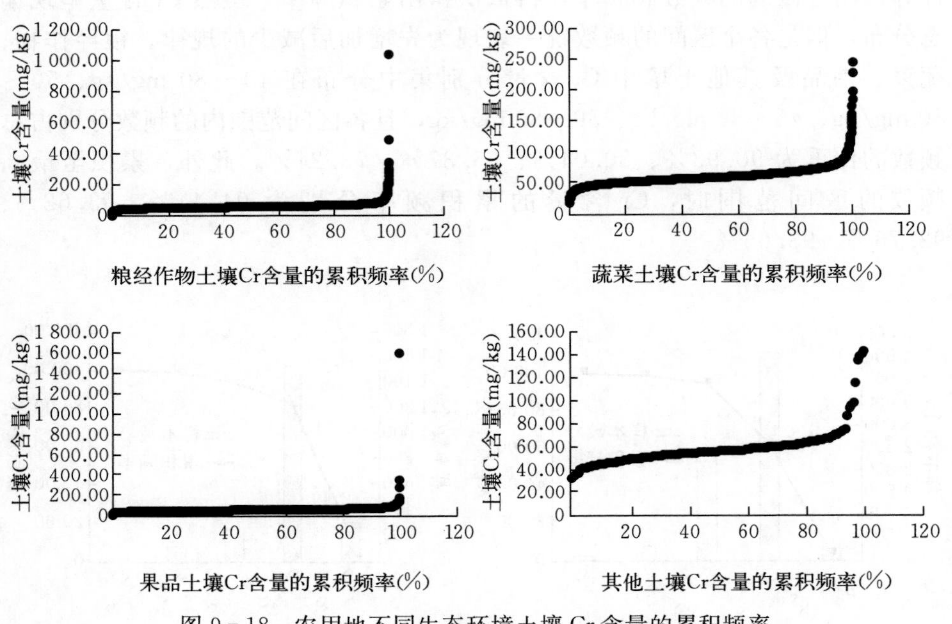

图 9-18　农用地不同生态环境土壤 Cr 含量的累积频率

六、土壤镍

如图 9-19 所示，按照土壤中 Ni 含量的高低将其分为若干个区间范围，计算得出各区间的频数和频率，再依次得出累积频率。虽然 Ni 含量呈现偏态分布，但是各个区间的频数统一表现为先增加后减少的规律。粮经作物、蔬菜、果品及其他土壤中 Ni 含量分别集中分布在 18～40 mg/kg、18～33 mg/kg、18～30 mg/kg、18～40 mg/kg，且各区间范围内的频数分别占总频数的比重为 91.14%、85.58%、77.27%、79.58%。此外，累积至最高频数的区间范围时，Ni 含量的累积频率分别为 97.78%、93.08%、82.73%、96.48%。

根据农用地不同生态环境土壤中 Ni 含量的累积频率（图 9-20），土壤重金属安全范围值参考《土壤与环境质量标准》（GB 15618—2018）中农用地土壤污染风险筛选值的规定，Ni 的超标情况分析如下：粮经作物土壤中样点超标率为 0.11%；蔬菜土壤中样点超标率为 0.04%；果品土壤中样点超标率为 0.09%；其他土壤中样点超标率为 0.70%。

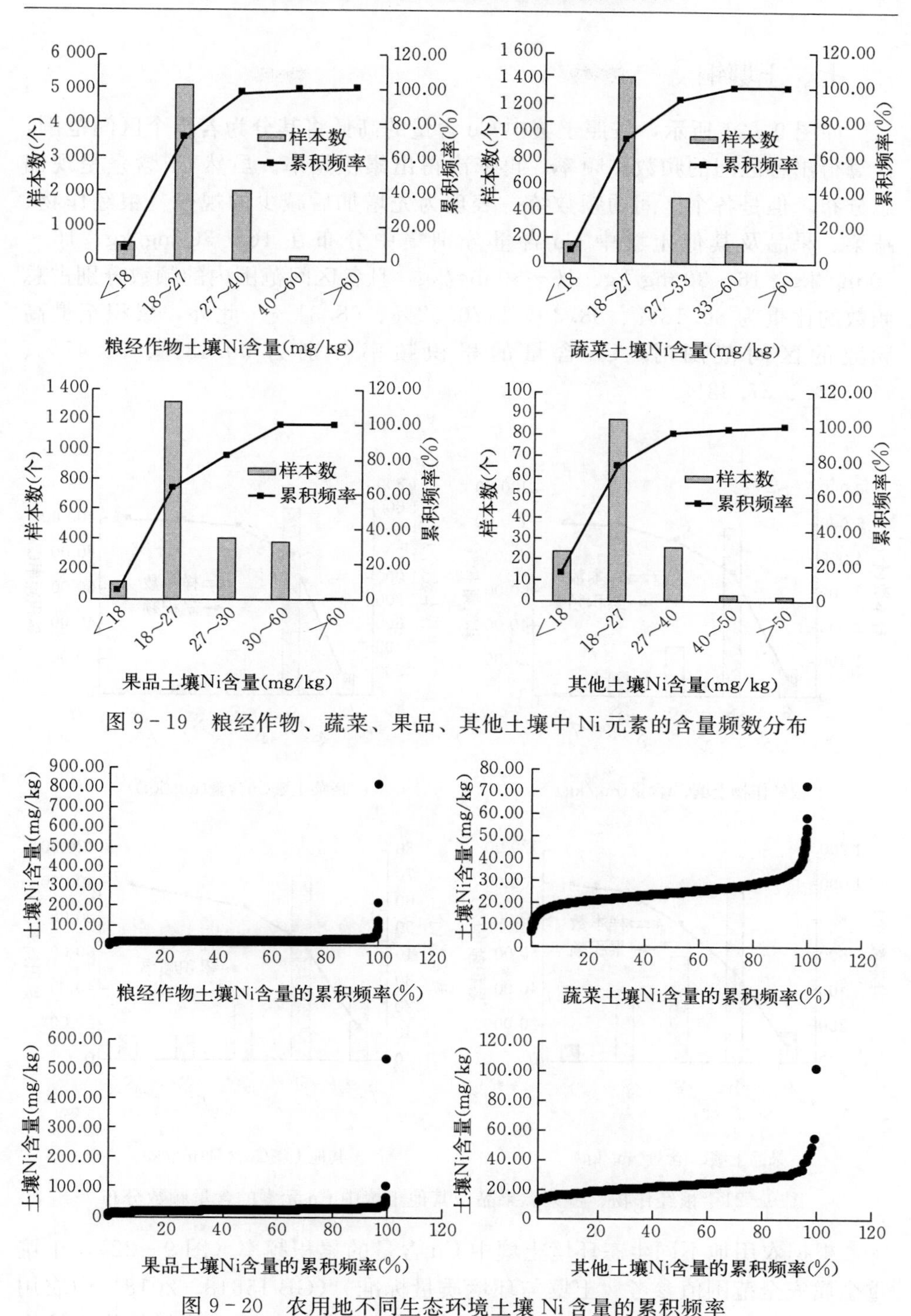

图 9-19　粮经作物、蔬菜、果品、其他土壤中 Ni 元素的含量频数分布

图 9-20　农用地不同生态环境土壤 Ni 含量的累积频率

七、土壤铜

如图 9-21 所示，按照土壤中 Cu 含量的高低将其分为若干个区间范围，计算得出各区间的频数和频率，再依次得出累积频率。虽然 Cu 含量呈现偏态分布，但是各个区间的频数统一表现为先增加后减少的规律。粮经作物、蔬菜、果品及其他土壤中 Cu 含量分别集中分布在 16～30 mg/kg、16～50 mg/kg、16～30 mg/kg、16～30 mg/kg，且各区间范围内的频数分别占总频数的比重为 80.18%、88.30%、70.02%、68.31%。此外，累积至最高频数的区间范围时，Cu 含量的累积频率分别为 90.43%、96.47%、77.81%、87.32%。

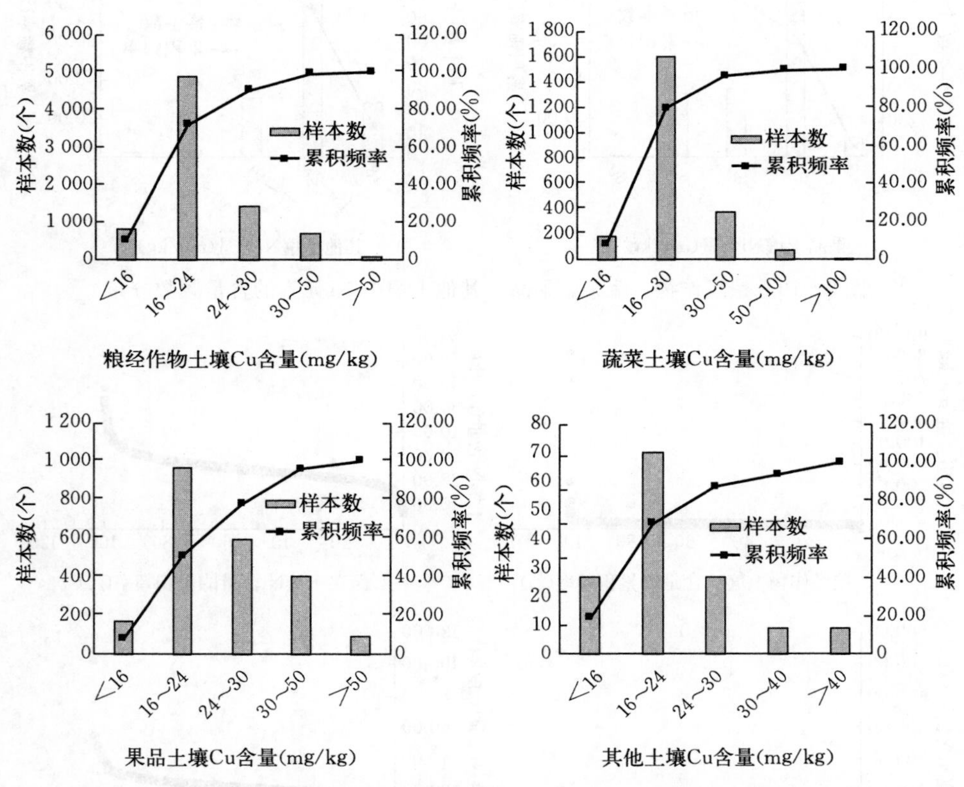

图 9-21 粮经作物、蔬菜、果品、其他土壤中 Cu 元素的含量频数分布

根据农用地不同生态环境土壤中 Cu 含量的累积频率（图 9-22），土壤重金属安全范围值参考《土壤与环境质量标准》（GB 15618—2018）中农用地土壤污染风险筛选值的规定，Cu 的超标情况分析如下：粮经作物土壤中

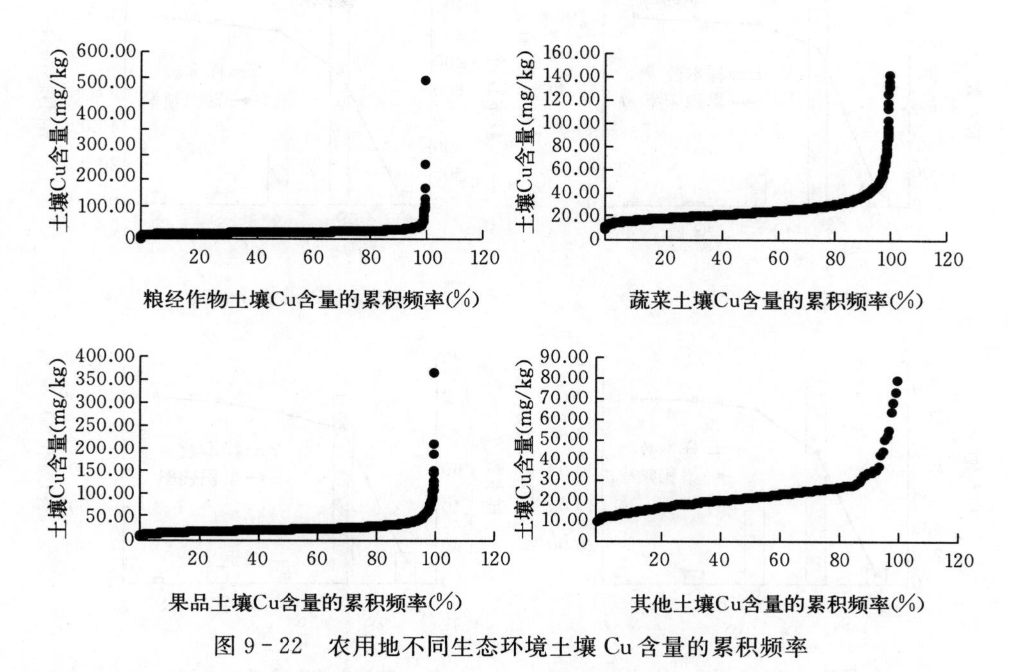

图 9－22　农用地不同生态环境土壤 Cu 含量的累积频率

样点超标率为 0.25%；蔬菜土壤中样点超标率为 0.85%；果品土壤中样点超标率为 1.07%；其他土壤中样点超标率为 0.70%。

八、土壤锌

如图 9－23 所示，按照土壤中 Zn 含量的高低将其分为若干个区间范围，计算得出各区间的频数和频率，再依次得出累积频率。虽然 Zn 含量呈现偏态分布，但是各个区间的频数统一表现为先增加后减少的规律。粮经作物、蔬菜、果品及其他土壤中 Zn 含量分别集中分布在 50～80 mg/kg、50～110 mg/kg、50～110 mg/kg、50～80 mg/kg，且各区间范围内的频数分别占总频数的比重为 77.97%、87.81%、89.26%、71.13%。此外，累积至最高频数的区间范围时，Zn 含量的累积频率分别为 84.68%、92.32%、94.54%、83.10%。

根据农用地不同生态环境土壤中 Zn 含量的累积频率（图 9－24），土壤重金属安全范围值参考《土壤与环境质量标准》（GB 15618—2018）中农用地土壤污染风险筛选值的规定，Zn 的超标情况分析如下：粮经作物土壤中样点超标率为 0.24%；蔬菜土壤中样点超标率为 0.31%；果品土壤中样点超标率为 0.67%；其他土壤中样点均未超标。

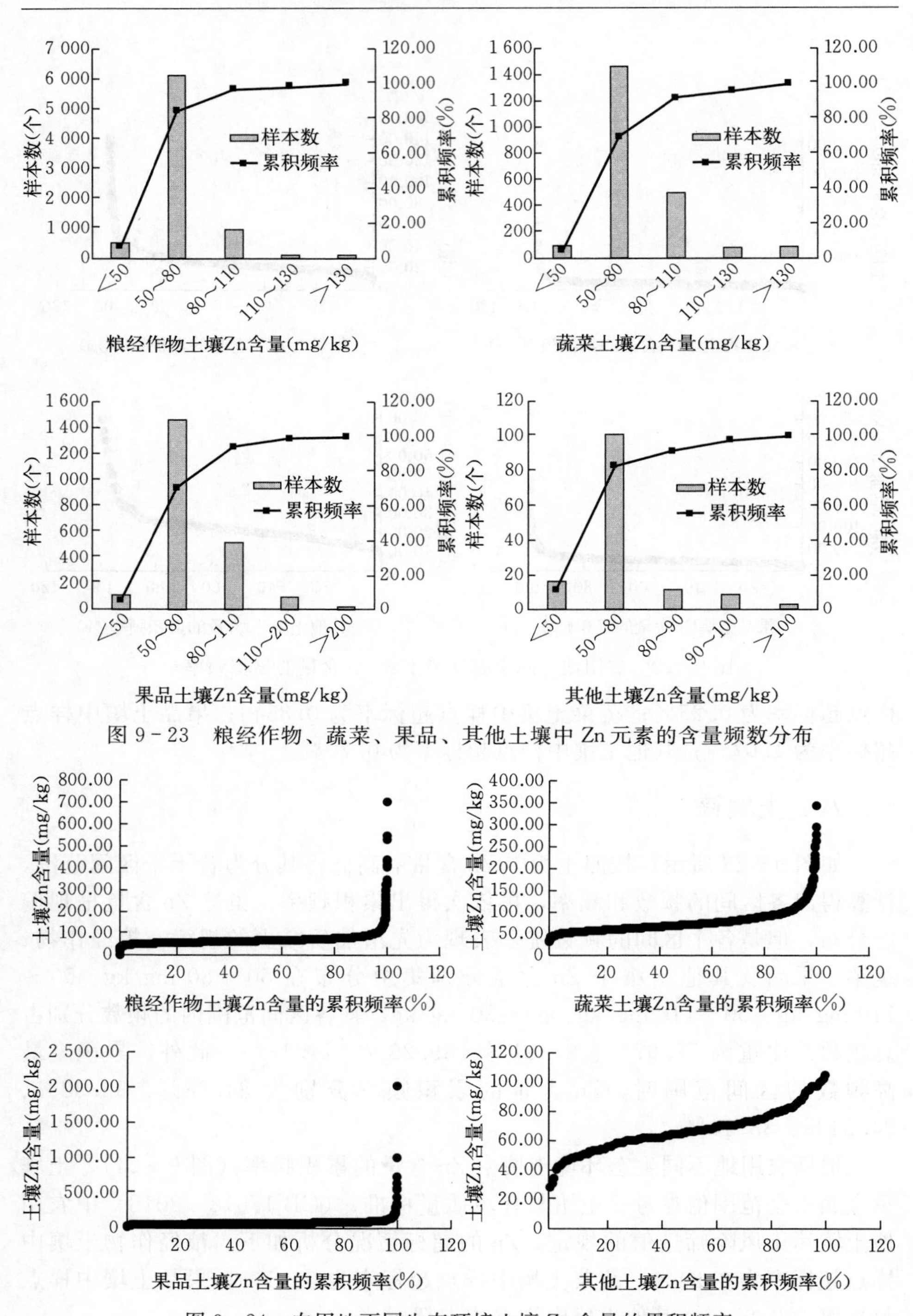

图 9-23 粮经作物、蔬菜、果品、其他土壤中 Zn 元素的含量频数分布

图 9-24 农用地不同生态环境土壤 Zn 含量的累积频率

第四节　小　　结

通过对不同生态环境土壤重金属含量分布的分析，可以看出不同种植系统对土壤重金属含量分布存在着影响。对于Cd，4种生态环境都存在污染风险，其中果品种植土壤超标率最高，达到了4.88%；对于Hg元素，只有粮经作物种植土壤存在污染风险，超标率为0.11%；对于As元素，粮经作物、蔬菜及果品种植土壤存在污染风险，其中果品种植土壤超标率最高，达到了1.25%：对于Pb元素，4种生态环境都存在污染风险，但超标率均未超过1%；对于Cr元素，粮经作物、蔬菜及果品种植土壤存在污染风险，但超标率均未超过0.3%；对于Ni元素，4种生态环境都存在污染风险，但超标率均未超过1%；对于Cu元素，4种生态环境都存在污染风险，其中果品种植土壤超标率最高，达到了1.07%；对于Zn元素，粮经作物、蔬菜及果品种植土壤存在污染风险，但超标率均未超过1%。

总体来说，4种生态环境中果品种植土壤存在较高的污染风险，其中Cd、As、Cu元素尤为明显。

第十章　土壤重金属风险管控

第一节　国内外风险管控研究进展

在我国城市化和工业化快速发展、人口刚性增长、耕地面积持续减少的背景下，农业集约化程度不断提高。农药和化肥的大量使用极大地提高了作物产量，但农业化学品的大量投入、有机肥的不合理施用等也导致了土壤环境质量的下降。土壤是农业发展、基本生态系统功能和粮食安全的基础，也是维持地球上生命的关键。土壤在粮食安全、水安全、能源安全、减缓生物多样性丧失以及气候变化等方面都起着重要作用，所以在土壤污染问题日益突出的今天，对污染土壤的科学管理显得尤为重要。科学、有效、简便、具有良好可操作性的管控措施，是土壤污染防治的核心内容（王玉军等，2015）。

一、国内外土壤污染风险管控法规和标准

相对于大气和水体等污染，土壤重金属污染有其特殊的复杂性、隐蔽性、滞后性和长期性，需要对其成因、扩散途径和生态效应进行客观、全面和科学的分析，在此基础上采取针对性的防控和治理措施。为了防治土壤污染和进行土壤的科学管理，一些发达国家制定了相应的法规和标准。德国于1998年颁布了《联邦土壤保护法》，1999年配套生效了《联邦土壤保护和污染地块条例》，建立了土壤污染风险评估和治理修复的统一方法和标准，是世界上较早颁布土壤保护法案的国家之一。经过长期发展和完善，德国在农用地土壤污染标准制定和应用方面积累了丰富的实践经验。美国颁布了《环境响应、补偿与义务综合法案》、制定了全面有效的污染地管理框架，即以《环境对应、赔偿和责任综合法》为基础，建立了超级基金场地管理制度，从环境监测、风险评价到土壤修复都有标准的管理体系。荷兰在《荷兰土壤质量法令》中设立了土壤修复目标值和干预值；欧盟通过一份关于土壤保护的专题战略草案，要求成员国防止土壤污染，制定污染场地清单并修复已确定的污染场地。

我国在农用地土壤污染风险管控标准和法规制度建设方面的工作相对滞后。自1995年颁布《土壤环境质量标准》（GB 15618—1995）以来，2018

年才对标准重新进行了修订。为了切实加强土壤污染防治工作，逐步改善土壤环境质量，2016 年 5 月 28 日国务院印发了《土壤污染防治行动计划》（简称“土十条”），作为当前乃至今后一个时期内全国土壤污染防治工作的行动纲领。2018 年 8 月 31 日，《中华人民共和国土壤污染防治法》（简称《土壤污染防治法》）正式审议通过，在农用地土壤污染风险管控方面，《土壤污染防治法》规定由国家建立农用地分类管理制度；按照土壤污染程度和相关标准，将农用地划分为优先保护类、安全利用类和严格管控类。

与原来的《土壤环境质量标准》（GB 15618—1995）相比，2018 年发布的《土壤环境质量　农用地土壤污染风险管控标准（试行）》（GB 15618—2018），规定了两套值，即风险筛选值和风险管制值，用于风险筛选和分类，不是达标判定。当土壤中污染物含量等于或者低于风险筛选值时，农用地土壤污染风险低；当土壤中污染物含量高于风险筛选值时，可能存在农用地土壤污染风险，应加强土壤环境监测和农产品协同监测。当土壤中镉、汞、砷、铅、铬的含量高于风险筛选值、等于或者低于风险管制值时，可能存在食用农产品不符合质量安全标准等土壤污染风险，原则上应当采取农艺调控、替代种植等安全利用措施。当土壤中镉、汞、砷、铅、铬的含量高于风险管制值时，食用农产品不符合质量安全标准等农用地土壤污染风险高，且难以通过安全利用措施降低食用农产品不符合质量安全标准等农用地土壤污染风险，原则上应当采取禁止种植食用农产品、退耕还林等严格管控措施。新的标准更符合土壤环境管理的内在规律，更能科学合理地指导农用地安全利用，保障农产量质量安全。

二、土壤污染风险管控

由于我国土壤类型的复杂性和多变性，各地污染情况轻重不一，土壤对于人类的生存有极其重要的意义，有关土壤环境质量的有效管控非常重要。在已有工作及研究的基础上，人们围绕污染源解析、源头控制、过程调控、污染治理、政策监管等环节深入研究和开展工作。

1. 强化土壤污染防治监管与制度体系构建

在保证国家现行环境法规的基础上，制定区域性新法规，完善法规政策、构建标准体系，以适应我国复杂的土壤环境特征和土壤污染特性。因地制宜地制定合理的土壤质量保护条例和土壤污染防治计划。中央和地方立法相结合、土壤污染防治和环境保护相结合、实体性和程序性立法相结合，将各个层次的土壤污染相关法律法规互补联系，以法制建设为基础，坚持源头严控、末端治理，实行分级分类管理，强化科技支撑，引导公众参与。开展宣传教育构建系统全面的土壤污染防治支撑体系，对于快速实现既定土壤污染防治管控目标具有重要的现实意义。

建立严格的农产品产地保护制度、农田土壤污染管控制度、农业资源损害赔偿制度、责任追究制度等，确保“谁污染、谁治理”。将土壤重金属污染防控工作重点由终点评价和末端修复治理，转变为源头控制—过程监管—终点评价—修复治理相结合的全程防控。同时，加强体制创新。建立农业资源环境保护协作平台，加强不同行政区域、部门间的统筹协调，完善产学研及用户的协作机制，构建农业环境保护责权利共同体；明确生态补偿方案，强化政策激励作用和工作保障机制（张桃林，2015）。

2. 加强农用地土壤重金属污染基础研究

为了建立土壤和作物之间重金属迁移关系，德国联邦环境部建立了“TRANSFER”数据库，从不同作物类型、部位，以及各种土壤提取物质的组合中得出土壤、作物重金属浓度数据。对“TRANSFER”数据库中每对数据的土壤重金属浓度-作物重金属浓度统计学关系进行分析，判断其相关性。通过相关分析，可以通过土壤中重金属的浓度预测作物可食部位重金属的含量，从而有效控制食品安全。我国也要充分做好“土壤污染物-农作物系统”生态毒理学、生物有效性等研究工作，建立完善统一的农用地土壤污染风险管控数据库，为我国土壤环境质量标准体系的有效实施奠定科学基础。

加强土壤保护与重金属污染防治科技支撑，一方面，必须加强清洁土壤的管控技术研究，防止重金属在土壤中累积和污染面积的继续扩大，以保证其永续利用。另一方面，针对镉大米等突出重金属污染问题，加强低积累水稻品种筛选与推广，灌溉水净化处理技术与设备研发，加强产地土壤主要重金属污染控制技术、降活减存技术、综合治理技术等科技攻关，并建立相应的综合示范区，对现有各种治理修复技术及模式进行比选、优化、集成和熟化、简化，形成一系列适合不同土壤污染类型和污染程度、不同农业生态类型区的先进、适用、易行、能复制、可推广的模式和工程技术体系及标准化操作规程，为重金属土壤污染防控和治理提供强有力的科技支撑和示范样板（张桃林，2015）。

3. 建立土壤环境风险评估体系

应提高土壤环境监测能力，将农业用地土壤环境纳入常规监测。将定性筛查和定量详查相结合，针对不同地域、不同设施、不同种植类型，充分考虑有关采样的均衡性、典型性和代表性，对农业用地土壤环境污染的总体状况进行客观科学的评价。

加强对于农业用地环境监测数据的统筹管理，建立农业土壤环境数据库，并开展现状评估和趋势分析，以把握农业土壤重金属及多环芳烃等污染特征，为农业用地环境监管和动态趋势预测预警提供依据。深入排查有关污染源，对污染样点周边工矿区、居民区、等级公路等区域进行排查；加强污染样点设施中客土来源、畜禽粪便等有机肥源的排查。形成包括法律法规、导则、指南和技术文件在内的一整套比较完善的土壤环境风险评估体系。

在基本的内梅罗指数、地质累积指数、潜在生态污染指数评价的基础上，利用多元统计和地统计学方法对土壤中重金属含量及其环境质量的时空演变规律进行分析，通过聚类分析和相关分析识别土壤环境质量演变的主要驱动因素，探索基于风险管控的农田土壤重金属污染分级，实现土壤污染分类分级化治理和修复要求。在全面考量土壤重金属环境质量标准赋值的独立性和依存性的基础上，考虑土壤重金属污染的防治可以采用负载容量管控法，从单一依靠质量标准的重金属终端控制，过渡到以负载容量为依据的新的管理模式，提升农产品质量和食品安全水平的要求。

4. 建设土壤重金属污染防治技术体系

针对我国重金属污染农用地分布广泛的特点，加强对土壤和农产品重金属监测。建立农业投入品等对土壤环境质量影响的评价，严格控制农业生产资料中的重金属等有害成分；选育重金属低积累的粮食作物和蔬菜品种，建立针对不同种植区域、不同重金属元素、不同作物类型的低积累品种资源库及其栽培调控措施与田间管理规范。建立源头控制、降低重金属植物有效性的农艺调控措施、种植作物调控等不同层级的安全利用管控策略，农田土壤重金属污染风险管控策略见图 10-1。

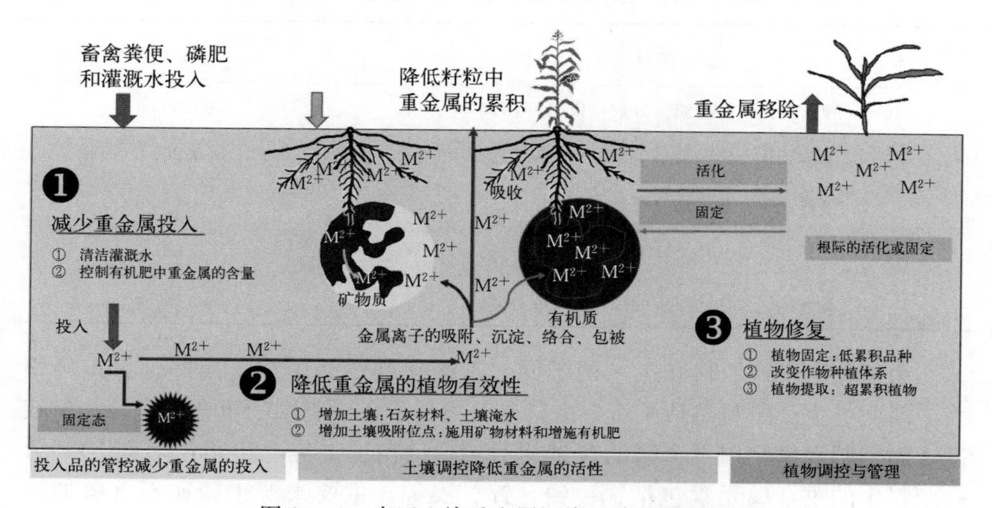

图 10-1 农田土壤重金属污染风险管控策略

土壤重金属污染的极端复杂性，决定了污染防治工作的长期性和艰巨性。总的原则是坚持科学认识、统筹规划、综合防治、分类指导、治用结合。

第二节 土壤重金属污染源头控制

土壤重金属污染来源很多，如大气沉降、污水灌溉、污泥施用、有机肥和化肥的施用等。施肥和灌水是保证农业生产的重要措施，而农业生产活动中使用的化肥、有机肥、灌溉水等都含有一定量的重金属元素，是农业生产活动造成土壤重金属累积的来源。因此，土壤重金属污染治理首先需要控制污染源头，控制农业投入品中重金属的含量是防止土壤重金属累积的重要手段。

一、化肥施用管控

近年来，我国农业生产快速发展，粮食生产总量逐步提高，化肥的施用对粮食产量的增长起到了重要作用。但是，化肥中除含有氮、磷、钾等作物生长所必需的元素外，也会含有一些有毒有害物质，其中最主要的是重金属元素（鲁如坤等，1992；黄青青等，2014）。为了规范化肥的生产及防止重金属在土壤中的累积，很多国家都制定了重金属的限量标准。我国也制定了部分化肥中重金属的限量标准，《肥料中砷、镉、铅、铬、汞生态指标》（GB/T 23349—2009）规定了5个有毒重金属砷、镉、铅、铬、汞的指标要求（表10-1）。

表10-1 肥料中砷、镉、铅、铬、汞的指标要求（GB/T 23349—2009）

项目	指标
砷及其化合物的质量分数（以As计，%）	≤0.005 0
镉及其化合物的质量分数（以Cd计，%）	≤0.001 0
铅及其化合物的质量分数（以Pb计，%）	≤0.020 0
铬及其化合物的质量分数（以Cr计，%）	≤0.050 0
汞及其化合物的质量分数（以Hg计，%）	≤0.000 5

由于化肥生产原料和工艺的不同，不同化肥产品中重金属的含量差异很大，磷肥的生产原料是磷矿石，由磷矿石原料带入磷肥中的重金属元素含量较高，而钾肥和氮肥中重金属的含量相对较低（芮玉奎等，2008a，2008b）。含磷肥料中的重金属元素包括镉、铅、锌、镍等，主要来源于磷矿石（鲁如坤等，1992），而肥料中的镉含量对环境的风险及食品安全的风险最大。长期施

用重金属含量高的肥料能够提高土壤中重金属的含量，造成土壤中重金属的累积（刘树堂等，2005）。虽然化肥带入的重金属不会造成土壤中重金属的累积速率过高，但是长期过量施用可能会对农产品的品质造成影响。

市场上采集的含磷肥料中含有一定量的重金属元素，含磷肥料中重金属含量变异系数较大。重金属元素 Cd、Cu、Zn、Cr、Pb、Ni、As 和 Hg 的含量范围、均值以及中位值分别为：Cd 痕量至 27.2 mg/kg，均值 0.77 mg/kg，中位值 0.23 mg/kg；Cu 痕量至 556.1 mg/kg，均值 35.6 mg/kg，中位值 13.6 mg/kg；Zn 痕量至 1 323.6 mg/kg，均值 107.2 mg/kg，中位值 52.3 mg/kg；Cr 0.10 至 371.1 mg/kg，均值 24.1 mg/kg，中位值 13.5 mg/kg；Pb 痕量至 181.7 mg/kg，均值 16.6 mg/kg，中位值 5.43 mg/kg；Ni 0.05～371.7 mg/kg，均值 15.4 mg/kg，中位值 8.23 mg/kg；As 痕量至 51.7 mg/kg，均值 19.4 mg/kg，中位值 19.7 mg/kg；Hg 痕量至 3.98 mg/kg，均值 0.08 mg/kg，中位值 0.08 mg/kg（表 10－2）。

表 10－2　我国肥料中重金属元素含量（mg/kg）（黄青青，2014）

元素	最小值	最大值	均值	标准偏差	5%	25%	50%	75%	95%
Cd	痕量	27.2	0.77	2.42	0.04	0.11	0.23	0.57	2.57
Cu	痕量	556.1	35.6	60.8	痕量	7.28	13.6	41.8	114.0
Zn	痕量	1 323.6	107.2	164.6	7.63	28.9	52.3	123.6	401.9
Cr	0.10	371.1	24.1	38.0	4.27	10.2	13.5	24.2	68.5
Pb	痕量	181.7	16.6	30.8	0.68	2.81	5.43	17.0	82.7
Ni	0.05	371.7	15.4	33.0	1.81	5.48	8.23	14.2	58.1
As	痕量	51.7	19.4	9.69	2.68	12.8	19.7	25.5	34.6
Hg	痕量	3.98	0.08	0.80	痕量	痕量	0.08	0.49	2.26

虽然采样分析结果显示绝大部分肥料样品中的重金属含量都没有超过标准限值，但由于肥料的长期施用以及重金属的长期累积特性，施肥带入重金属问题仍值得关注。因此，需要定期监测肥料和土壤以及农产品中的重金属含量。另外，由于不同肥料品种养分含量有差异，施用量也会随之变化，建议在制定相关标准时，采用以养分含量为基础的限量指标，提高标准的科学性。此外，还需要开展进一步的调查和试验，研究长期施用含磷肥料对土壤中的重金属的积累和生物有效性的影响，从而科学评价含磷肥料的安全风险，为土壤重金属污染源头控制以及农产品安全生产提供科学依据（黄青青等，2014）。

二、有机肥管控

畜禽粪便可以为作物提供养分以提高作物产量，并能改善土壤环境、优化土壤结构，如增加有机质含量、改善土壤酸化、增加土壤孔隙度等（黄小洋等，2017；Whalen et al.，2000）。国务院于2016年发布的《土壤污染防治行动计划》中也指出，要鼓励农民增施有机肥并减少化肥用量，合理使用化肥农药。但是，如果不管控有机肥中的重金属含量，连续大量施用畜禽粪便，势必会向土壤-植物系统带入大量外源重金属元素，从而对土壤质量造成负面影响，甚至威胁农产品安全（Xu et al.，2013；Formentini et al.，2015；Zhou et al.，2005；Legros et al.，2013；Xiong et al.，2010）。为了规范有机肥的安全施用，我国规定了有机肥中有毒重金属的限量指标《有机肥料》（NY 525—2012）（表10-3）。Cu、Zn、Ni作为生态污染元素，我国尚未制定畜禽粪便或肥料产品中相应标准限值，本书中畜禽粪便或肥料产品中相应标准限量值采用德国腐熟堆肥标准。

表10-3　有机肥料中重金属的限量指标（mg/kg）（NY 525—2012）

项　目	限量指标
总砷（As）（以烘干基计）	≤15
总汞（Hg）（以烘干基计）	≤2
总铅（Pb）（以烘干基计）	≤50
总镉（Cd）（以烘干基计）	≤3
总铬（Cr）（以烘干基计）	≤150

我国畜禽粪便重金属含量的统计分析结果如表10-4所示，畜禽粪便中各

表10-4　畜禽粪便重金属含量统计

元素	最小值（mg/kg）	最大值（mg/kg）	平均值（mg/kg）	标准偏差（mg/kg）	5%（mg/kg）	25%（mg/kg）	50%（mg/kg）	75%（mg/kg）	95%（mg/kg）	超标率（%）
Cd	ND	147	2.31	8.66	0.08	0.26	0.72	1.75	7.62	12.3
Pb	ND	1 919	13.5	17.2	0.67	4.00	8.96	17.1	37.5	2.58
Cr	0.003	2 278	36.3	139	1.84	5.72	12.0	27.5	101	2.76
As	ND	978	14.0	48.4	0.01	1.09	3.52	11.6	60.0	20.6
Hg	ND	103	0.97	6.88	0.01	0.04	0.07	0.12	0.78	3.69
Cu	ND	1 747	282	338	17.5	39.1	115	438	1 011	53.9
Zn	ND	11 547	656	1 123	62.4	161	366	745	1 771	45.7
Ni	1.22	1 140	21.8	83.7	5.23	8.76	13.1	21.3	33.8	0.59

注：ND表示数值低于检测限。

重金属元素含量变化范围较大，Cd、Pb、Cr、As、Hg、Cu、Zn和Ni的最大值分别达到了147 mg/kg、1 919 mg/kg、2 278 mg/kg、978 mg/kg、103 mg/kg、1 747 mg/kg、11 547 mg/kg和1 140 mg/kg，各重金属元素的均值均高于中位值。虽然个别样品中重金属元素的含量较高，但90%的样品中，Cd、Pb、Cr、As、Hg、Cu、Zn、Ni的含量小于3.96 mg/kg、29.2 mg/kg、57.0 mg/kg、23.1 mg/kg、0.27 mg/kg、814 mg/kg、1 301 mg/kg、28.1 mg/kg。

Cu、Zn是列入我国饲料添加剂目录中允许使用的矿物元素，是动物生长必需的微量元素，是集约化养殖场饲料中常用的微量元素添加剂，饲料中添加Cu、Zn可以提高猪的日增重并提高饲料转化率（闫素梅等，2002；潘寻等，2013）；而As对于动物的生长能够起到一些积极作用，例如可以改善猪的毛色并加快生长，在有些养殖场也会添加（Ren et al.，2005）；同时，饲料添加剂中矿物质元素的添加会伴生带入微量有毒的重金属，这些重金属会随着饲料的代谢进入粪便。

我国畜禽粪便中重金属含量同欧洲国家相比相对较高。欧洲国家较早出台的相关标准对有机肥料、动物粪便中重金属元素含量做出严格限制，设立了明确限值（李书田等，2006），故饲料中对应元素的添加得到了较好的控制。要降低畜禽粪便中重金属元素的含量，除规范养殖场养殖行为外，政府也应出台相应管理措施或国家标准，对饲料中重金属元素的添加和畜禽粪便、有机肥料中重金属含量规定更为严格的限值。

三、灌溉水管控

农田灌溉是保证农业生产的重要措施，而灌溉水的质量是保证农产品质量的基本。因此，控制灌溉水的质量在农业生产中非常重要。农业用水一般来源于雨水、地下水和地表水。相对于雨水和地下水而言，地表水由于受到很多环境因素的影响，水质一般较差。依据我国的规定，农田灌溉水的重金属含量应符合《农田灌溉水质标准》（GB 5084—2005）。

通过文献查阅分析了我国灌溉水中重金属元素的基本含量，灌溉水重金属含量基本情况见表10-5，灌溉水重金属含量百分位值见表10-6。灌溉水中重金属元素Cd的含量范围是痕量至25.7 μg/L，均值为1.15 μg/L；As的含量范围是痕量至718 μg/L，均值为28.3 μg/L；Hg的含量范围是痕量至32.0 μg/L，均值为0.864 μg/L；Pb的含量范围是痕量至378 μg/L，均值为18.5 μg/L；Cr的含量范围是痕量至25.3 μg/L，均值为3.51 μg/L。Cd、As、Hg、Pb、Cr的中位值分别为1.00 μg/L、4.00 μg/L、0.029 μg/L、5.00 μg/L、4.00 μg/L。

表 10-5 灌溉水重金属含量基本情况统计

元素	样本组数（组）	最小值（μg/L）	最大值（μg/L）	算术均值（μg/L）	标准误差（μg/L）	分布	
						偏斜度（°）	峰度（°）
Cd	148	痕量	25.7	1.15	0.222	6.70	52.2
As	142	痕量	718	28.3	9.01	5.83	34.9
Hg	123	痕量	32.0	0.864	0.377	6.25	39.4
Pb	168	痕量	378	18.5	3.95	5.94	38.2
Cr	67	痕量	25.3	3.51	0.357	6.34	48.3

注：1. 由于查阅文献所得数据，多数为多个样本的测定均值，故在此称为样本组数。

2. 文献数据来自陈志德等，2007；陈永宁等，2007；徐德利等，2008；陈志德等，2007；章明奎等，2010；孔文杰等，2006；鲁洪娟，2010；张丽娜等，2007；冯金飞，2007；沃飞，2007；彭顺珍，2008；林玉锁等，2002；彭勇，2005；段飞舟等，2005；洪志方，2007；杨忠芳等，2008；李鸣，2010；吴学丽等，2011。

表 10-6 灌溉水重金属含量百分位值（μg/L）

元素	分布类型	5%	10%	25%	50%	75%	90%	95%
Cd	偏态分布	痕量	痕量	0.155	1.00	1.00	1.66	3.33
As	偏态分布	痕量	0.300	1.17	4.00	10.0	28.5	130
Hg	偏态分布	痕量	痕量	0.002	0.029	0.200	0.720	2.83
Pb	偏态分布	痕量	0.209	1.00	5.00	20.0	39.1	75.8
Cr	偏态分布	0.112	1.83	3.00	4.00	4.00	4.00	4.00

四、源头总量控制

虽然我国限定了肥料、有机肥和灌溉水中重金属的限量指标，但是环境科学的研究表明，只限制污染物排放浓度不能保证生态环境的长期稳定，因而提出了总量控制的设想。20 世纪 70 年代初期提出了环境容量及其应用研究。土壤负载容量是环境容量研究的重要内容之一，是指一定环境单元、一定时限内遵循环境质量标准，既保证农产品产量和生物学质量，同时也不使环境污染时，土壤所能容纳污染物的最大负荷量。如从土壤圈物质循环来考虑，可将其定义为“在保证土壤圈中良性循环的条件下，土壤容纳污染物的最大允许量”（陈怀满，1996；王玉军等，2015）。

农业生产活动中施肥和灌溉是重要的农业生产活动，化肥、有机肥和灌溉水中的重金属是农田土壤中重金属累积的主要输入之一，而作物收获和排水是重金属输出农田生态系统的主要过程，农田土壤重金属输入、输出见图 10-2。

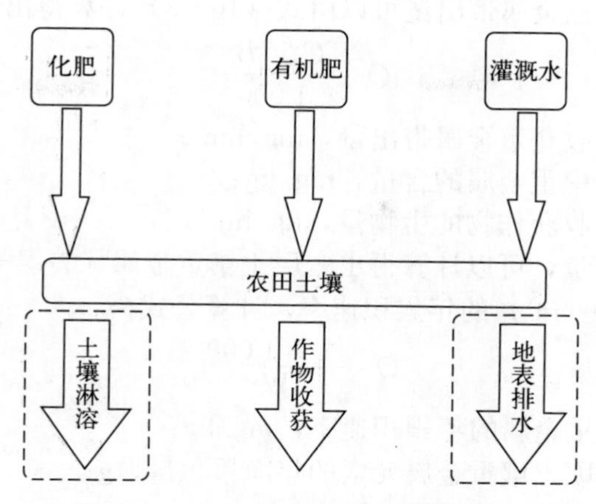

图 10-2　农田土壤重金属输入、输出

化肥、有机肥和灌溉水中重金属的总输入量、年累积速率、安全年限等可以计算得出。根据不同农田生态系统环境单元（水稻系统、小麦/玉米系统、蔬菜系统），一定时限内（50 年、100 年）遵循环境质量标准，可以根据模型公式推算土壤所能容纳重金属的最大负荷量，以及控制化肥、有机肥和灌溉水中重金属的限量阈值。

在不考虑土壤排水带出重金属的情况下，土壤中重金属的净累积量可以简单通过各输入项带入量减去各输出项带出量得到，计算公式为：

$$A = \sum I - \sum O = I_f + I_m + I_w - O_c \qquad (10-1)$$

式中：A ——土壤重金属元素的年净累积量，g/hm²；

$\sum I$ ——每年农业投入品输入重金属总量，g/hm²；

$\sum O$ ——每年作物收获带出重金属量，g/hm²；

I_f ——每年化肥重金属带入量，g/hm²；

I_m ——每年有机肥重金属带入量，g/hm²；

I_w ——每年灌溉水重金属带入量，g/hm²；

O_c ——每年作物收获重金属带出量，g/hm²。

农业投入品输入重金属的量可以由式（10-2）计算得出：

$$I_i = \frac{C_i \times R_i}{1\,000} \qquad (10-2)$$

式中：I_i ——i 投入品（化肥、有机肥、灌溉水）每年带入重金属量，g/hm²；

C_i ——i 投入品中重金属的含量，mg/kg；

R_i ——i 投入品每年的施用量，kg/hm²；

1 000——毫克换算为克的换算系数。

每年作物收获重金属带出量可以由式（10－3）计算得出：

$$O_c = \frac{C_p \times B_p}{1\,000} \quad (10-3)$$

式中：O_c——作物收获重金属带出量，mg/hm²；

C_p——作物中重金属的含量，mg/kg；

B_p——每年收获作物的生物量，kg/hm²。

根据年净累积量，可以计算得出表层土壤重金属（表层土壤厚度为20 cm，土壤容重为1.15 g/cm³）的年累积速率，计算公式为：

$$Q = \frac{A \times 1\,000}{W} \quad (10-4)$$

式中：Q——土壤重金属的年累积速率，mg/kg；

A——每公顷土壤重金属元素的年净累积量，g；

W——每公顷的土壤质量，kg；

1 000——克换算为毫克的换算系数。

每公顷的土壤质量可以由式（10－5）计算得出：

$$W = \frac{a \times h \times \rho}{1\,000} \quad (10-5)$$

式中：W——每公顷的土壤质量，kg；

a——每公顷土壤面积，1×10^8 cm²；

h——表层土壤厚度，20 cm；

ρ——土壤容重，1.15 g/cm³；

1 000——克换算为千克的换算系数。

再根据我国《土壤环境质量　农用地土壤污染风险管控标准（试行）》（GB 15618—2018）中土壤风险筛选值得到土壤安全范围值，通过式（10－6）计算即可得到农田土壤重金属的安全年限：

$$Y = \frac{S - X}{Q} \quad (10-6)$$

式中：Y——农田土壤重金属的安全年限，年；

S——土壤污染风险筛选值，mg/kg；

X——当前土壤中重金属含量，mg/kg；

Q——土壤重金属的年净累积量，mg/kg。

根据特定农田生态系统中各投入物中重金属的含量，通过以上公式可以计算出土壤中重金属的输入量、年累积速率，以及安全年限等参数。根据计算得出的各个参数指标对土壤中重金属的累积进行风险管控。

第三节　土壤重金属污染过程调控

土壤重金属污染的过程调控，主要是针对重金属污染土壤，通过各种措施，降低土壤重金属的有效性，降低农产品中重金属含量，以达到安全生产的目的。植物对土壤中重金属的吸收和累积受多种因素的影响，可以分为两大类：植物方面的影响因素和环境方面的因素。植物方面的影响因素主要来源于植物种内和种间的差异，即不同植物之间以及同一植物不同品种之间在吸收重金属方面均有差异。环境因素是以土壤为主体的环境，影响植物吸收重金属的因素主要包括土壤中重金属的形态、土壤 pH、土壤氧化还原电位（Eh）、土壤有机质、陪伴离子以及营养元素等。因此，可以通过调控影响重金属吸收的植物因子和环境因子，降低植物对重金属的吸收。

土壤-作物系统中的重金属迁移是一个复杂过程，除受土壤中重金属含量、形态及环境条件的影响外，不同类型农作物吸收重金属元素的生理生化机制各异，因而有不同吸收和富集重金属的特征（Alexander et al.，2006；Yang et al.，2009）。即使是同一类型的农作物，不同品种间富集重金属的能力也有显著差异（Wang et al.，2007；Zheng et al.，2008）。此外，农田灌溉方式、灌溉时间、施肥方式和田间管理等农艺措施都会影响作物对产地土壤中重金属的吸收（Williams et al.，2009；Yang et al.，2014）。这些因素均决定了农产品产地土壤重金属含量与农产品质量之间并非简单的直接对应关系。

一、植物调控

不同植物由于结构特性及生理特性不同，吸收重金属的生理生化机制各异，对重金属的吸收和累积差异很大，同时，同一作物不同品种对重金属的吸收差异也很大。目前重金属低累积品种筛选是一项非常有效降低作物吸收重金属的措施。植物对重金属的吸收与累积除了取决于环境中重金属的含量和形态外，植物的种、属类型对重金属的富集也有很大影响。Arthur 等根据植物体内镉的积累量，把植物分为：低积累型——豆科（大豆、豌豆）；中等积累型——禾本科（水稻、大麦、小麦、玉米、高粱）、百合科（洋葱、韭）、葫芦科（黄瓜、南瓜）、散形科（胡萝卜、欧芹）；高积累型——十字花科（油菜、萝卜）、藜科（唐莴苣、糖甜菜）、茄科（番茄、茄子）、菊科（莴苣）（Arthur，2000）。Baker 等根据植物对重金属的吸收、转移和积累机制把植物划分为 3 类：积累型（超积累型）、指示型（敏感型）和排斥型（Baker，1981）。

其中，在镉污染条件下，叶子镉的含量达到 100 mg/kg 的植物又称为超累积植物（Zavoda et al.，2001），如遏蓝菜（*Thlaspi caerulescens*），可利用它的高镉积累性提取污染土壤中的镉，进行土壤修复（Nishiyama et al.，2010）。不同种类蔬菜对镉的积累量排序为：叶菜类/茎菜类＞根菜类＞瓜果类/豆类（Yang et al.，2009；Yang et al.，2010）。同一类型植物的不同基因型对镉的积累能力也不同，如水稻糙米对镉的累积量排序为：籼型＞新株型＞粳型（Yan et al.，2010）。Wang 等（2015）通过对不同品种水稻对镉吸收能力的研究发现，低镉积累性水稻根系的外排能力较强，从而减少了镉的吸收和对根系的损伤；细胞壁对镉的固持能力较强，从而减少了镉进入细胞膜内的量。Li 等（2016）对 25 种南瓜（*Allium fistulosum* L.）的研究也发现，在同浓度镉暴露下，可食部位的镉含量的差异达 3 倍左右。因此，可通过种类筛选或者品种筛选减少农产品镉污染。

不同种类的蔬菜对重金属的吸收富集能力不同，与其他作物相比，蔬菜对多种重金属的富集量要大得多。一般而言，根据蔬菜主要食用器官划分，不同蔬菜吸收重金属的能力排序依次为叶菜类＞根茎类＞茄果类，叶菜类如菠菜、芹菜等对重金属有较强的富集能力。蔬菜对镉的累积能力排序依次为叶菜类＞根菜类＞莴苣（茎）＞果菜类＞豆科类（楼根林等，1990；汪雅各等，1985）。不同重金属元素在蔬菜中的积累水平也不同，这可能与蔬菜的生理功能有关。

通过文献整理和实地采样分析了 4 类蔬菜对重金属的富集系数（BCF，bioconcentration factor，指蔬菜地上部重金属的含量与对应的土壤重金属含量的比值，以鲜重计）（图 10－3），不同种类蔬菜对重金属元素的富集系数特征值见表 10－7。从特征值分析，蔬菜可食用部位累积各重金属元素的能力排序为：Cd、Cu、Zn＞Hg＞As、Cr、Ni；蔬菜对 Cd 的累积能力呈现规律为：叶菜＞根茎类＞茄果类＞豆类；Cu、Zn 在根茎与豆类蔬菜中的累积水平明显高于另外两种蔬菜，其中 Cu、Zn 在根茎类蔬菜中的富集系数分别为茄果类的 1.79、1.26 倍；Hg 元素在各蔬菜中表现出的富集水平处于 0.013～0.016，较为一致，叶菜与茄果中表现出略低于根茎与豆类蔬菜的富集能力（庄坚，2019）。

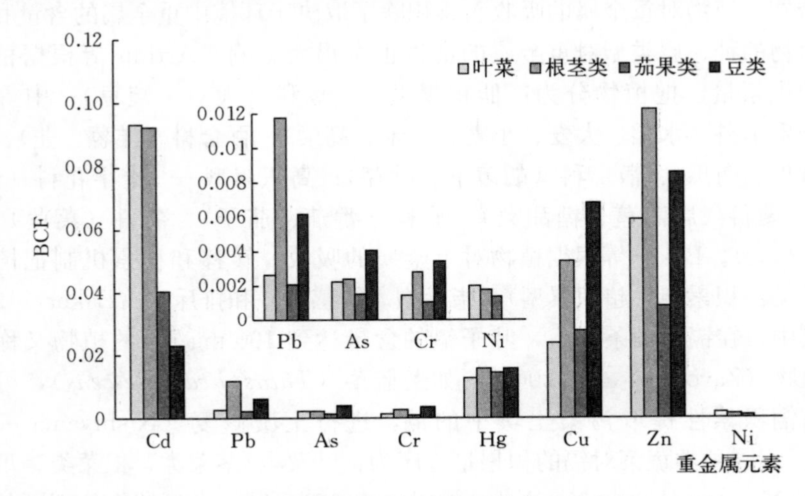

图 10－3　4 类蔬菜对重金属的富集系数分布（庄坚，2019）

注：小柱形图为扩大 10 倍比例后的成图。

表 10-7 不同种类蔬菜对重金属元素的富集系数特征值

项目	Cd	Pb	As	Cr	Hg	Cu	Zn	Ni
叶菜	0.093	0.002 6	0.002 3	0.001 5	0.013	0.024	0.063	0.002 0
根茎类	0.092	0.012	0.002 4	0.002 8	0.016	0.050	0.098	0.002 3
茄果类	0.040	0.002 1	0.001 5	0.001 0	0.014	0.028	0.036	0.001 2
豆类	0.023	0.006 2	0.004 1	0.003 4	0.016	0.069	0.078	—

注："—"表示数据量过少，特征值未计入分析。

蔬菜对 Cr、Ni 的富集能力集中在 0.002 左右，均处于较低的水平，蔬菜对 Pb 的富集能力与蔬菜种类有关，根茎类、豆类的富集系数高出叶菜以及茄果类的 1.38～4.71 倍。同样，蔬菜对 As、Cr 的富集能力也表现为根茎类、豆类高于叶菜、茄果类。蔬菜对 Ni 的累积水平表现为：根茎类＞叶菜＞茄果类。

Cd 在 4 种蔬菜中表现出最为明显的分布区间差异性，表明了蔬菜对 Cd 的敏感性较强。从分布特征值来看，叶菜累积 Cd 的能力略高于根茎类，叶菜、根茎类对 Cd 的富集系数可达茄果类、豆类的 2.3～4 倍，从各类蔬菜对 Cd 富集系数的四分位值来看，叶菜（0.037～0.25）、根茎类蔬菜（0.021～0.36）的富集系数也明显高出茄果类（0.013～0.11）、豆类蔬菜（0.005～0.070），因此茄果类和豆类蔬菜在实际生产中不容易超标。蔬菜体现出较低的对 Cr 的累积能力，根茎类与豆类对 Cr 的富集能力略高，这可能与蔬菜的生长特性有关，对于生育期较长的作物，其富集量会高于同样生长条件下的短生育期作物，如藜科、十字花科。Hg 和 As 的富集水平在 4 种蔬菜之间的差异性不大，均处于较低水平。

4 种蔬菜中，茄果类表现出较为一致的对各重金属元素的低富集水平。除了豆类，叶菜类对 Cd、Ni 元素具有最高富集能力，而整体上根茎类蔬菜对 Pb、As、Cr、Zn、Ni 元素具有最高富集能力，其中根茎类蔬菜对 Pb、Zn 的富集强度最为明显。即使是同一种类蔬菜，对重金属的富集能力之间也存在很大差异，因此会出现同一农产品点位的蔬菜间的含量差异性。叶菜中的卷心菜、苤蓝、紫甘蓝等含水率较高且存在外叶包被，重金属在鲜样中的含量较低，属于低富集类叶菜。茄果类蔬菜中的茄子的富集能力更为突出，如茄子对镉的富集系数要明显高于辣椒、番茄这两种果菜。

针对这些差异，人们可以实现对重金属低积累作物品种的筛选，并在重金属轻度污染的地区种植，以此保证农产品的安全生产。利用作物重金属的吸收特性，合理布局农作物。重金属污染区不要种植蔬菜和粮食作物，而改为林地，也可种植诸如高粱或其他能源作物。在一般污染区，不种植根菜或叶菜类而种植瓜果类作物，以减少可食部分重金属的含量。公路两旁改种其他非食用植物如苗木、花卉和棉花等。同时，根据蔬菜种类较多而且各种蔬菜的重金属富集强弱不一的特点，合理安排轮作种植，降低重金属进入食物链。通过轮作，不仅可以降低作物中重金属的含量，同时还可以明显提高蔬菜产量和质量。

二、土壤有效性调控

土壤中重金属存在多种形态，不同化学形态的重金属具有不同的生物有效性，且金属的不同形态受物理、化学和生物学的作用始终处于动态平衡过程。不同形态的金属的有效性不同，其中可溶性和交换态或络合态金属的生物有效性高，较易于被植物吸收利用。土壤中植物有效性的金属仅占很少的比例，大部分金属则与矿物质结合呈不可溶性态而不易被植物吸收利用。另外，植物根系活动引起根际物理、化学和生物学性质的变化，会直接或间接地影响土壤中重金属的形态转化，从而影响重金属的生物有效性。

1. 提高土壤 pH

pH 是土壤的一个重要理化指标，pH 的高低可显著影响重金属在土壤中的存在形态和化学行为，降低土壤的 pH 可提高重金属阳离子的可溶性和生物有效性。土壤 pH 影响金属水合氧化物、碳酸盐以及硫酸盐的溶解度，是影响重金属吸附特性的主要因素，它也影响土壤中金属的水解、离子对形成、有机物的溶解性、铁铝氧化物以及有机物的表面电荷。随着土壤 pH 的增加，金属阳离子经由吸附、表面配位和沉淀反应而提高了其在土壤表面的截留能力。

pH 同样是控制土壤镉形态进而影响植物吸收镉的重要因素之一。由于土壤 pH 的大小可以显著影响土壤中镉的有效性及形态分布，被认为是影响植物吸收镉的最主要土壤环境因素（Zeng et al.，2011）。土壤中镉的形态主要有水溶性镉、吸附性镉和难溶性镉。水溶性镉是指简单离子或简单配离子形式的镉，如 Cd^{2+}、$CdCl^{+}$、$CdSO_4$ 等，属于有效性镉，可以直接进入植物体内，对植物的危害较大；吸附性镉和难溶性镉因其被土壤固相吸附或形成沉淀（如 CdS、$CdCO_3$），稳定性较强，不易被植物直接利用。土壤条件的变化会使土壤中的镉形态发生相互转化（崔玉静等，2003）。土壤中的镉大部分以难溶态存在，根际 pH 降低时，土壤中的难溶态镉如碳酸盐结合态、磷酸盐结合态、氢氧结合态等的溶解性升高，从而增加了镉的有效性。而土壤 pH 升高时，土壤中的 Cd^{2+} 容易与 OH^- 结合形成 $Cd(OH)^+$，从而增加了其被土壤吸附的潜能（Sun et al.，2007）。

pH 越高，镉的溶解度和活动性越弱，生物有效性越低。因此，pH 基本与土壤溶液中的镉浓度呈负相关关系（Zeng et al.，2011；Shahid et al.，

2017；Yu et al.，2018）。在 pH 为 4.0～4.5 的土壤中，pH 降低 0.2 个单位即可使镉的移动性显著提高，而提高 pH 可明显强化镉在土壤固相上的吸附，进而降低植物的镉含量（Sauve et al.，2000）。另外，pH 还通过影响 Cd^{2+} 和其他配位体的结合来影响 Cd^{2+} 的存在形态（Shahid et al.，2017）。碱性条件下，土壤中的镉主要以生物有效性较低的 $CdCO_3$、$CdHCO_3^+$ 等形式存在（Sauve et al.，2000）。而酸性条件下，一方面 H^+ 会与 Cd^{2+} 竞争土壤阳离子吸附位点，使其被交换下来，增加土壤溶液中 Cd^{2+} 的量；另一方面，H^+ 还会使有机质，尤其是难溶的高分子量有机质的分子形态卷曲，降低其和镉的结合，削弱其固定镉的能力。因此，提高土壤 pH 往往可以降低植物对镉的吸收和累积（Shahid et al.，2017）。

提高土壤 pH 以降低重金属活性，有效减少作物吸收。通过施加抑制剂，提高土壤 pH，降低重金属溶解度，形成氢氧化合物沉淀，也可减少污染。在实际生产中，向镉污染农田中施加钝化剂如石灰、生物炭、海泡石等，就是通过提高土壤 pH，从而减少镉的有效性，降低了作物对镉的积累（Zhu et al.，2010）。

一般情况下，pH 下降，重金属的溶解性升高；反之，pH 上升则可有效降低重金属离子的浓度，从而避免了金属离子对植物的伤害。对以阴离子存在的变价金属元素如 Se、As 等，其溶解度与土壤 pH 变化的关系则较非变价离子复杂，如 Se 的生物有效性随 pH 升高而上升。

2. 增施有机肥

在土壤中存在大量的有机物质，如腐殖质、动植物残体、微生物的代谢物及植物根分泌物，它们在一定程度上影响着镉等重金属及营养元素的有效性。它们都含有配位体，能与重金属镉形成一系列稳定的易溶或难溶的配合物，从而可能影响到镉的生物有效性。重金属在土壤中的毒性与其存在形态和土壤有机质含量有很大关系。有机质可作为阴阳离子的有效吸附剂，促使土壤溶液中的重金属离子形成络合物或螯合物，增大土壤对重金属的吸附能力，促使重金属的植物毒性降低，阻碍它们进入植物体内。

土壤中的有机物含有大量的功能团，如氨基、羧基、羟基、硫醚等，对镉具有较强的吸附能力。胡敏酸对土壤具有较强的亲和力，通过络合及吸附作用，在镉与土壤间形成桥键，促进镉迁移到土壤中，降低了镉的有效性。同时，有机物分解产生小分子的有机酸、腐殖酸等，也可与镉形成稳定的络合物，从而使镉的活性降低（Xu et al.，2010）。研究表明，在锌-镉复合污染的土壤中施用猪厩肥后，有机络合态的镉显著增加，而有效态镉的质量分数明显降低，小麦对镉的积累降低，产量提高（华珞等，2002）。对水稻的研究也发现，有机酸和 EDTA 的添加可以显著降低水稻各部位的镉含量（Xu et al.，

2010）。有研究表明，长期使用猪粪和鸡粪可以显著降低水稻籽粒中镉的含量，同时，可以改变土壤中镉的存在形态（Huang et al.，2018）。植物在自身生长过程中，也可通过根系向土壤中分泌有机物质，包括低分子质量的有机物质、高分子质量的黏性物质和根细胞脱落物及其分解物（李花粉，2000）。这些分泌物中的有机酸、氨基酸以及酚类化合物等可与镉进行络合，从而改变镉的形态和活性。大部分情况下，有机酸带负电，极易与镉结合而降低镉的移动性。

然而，腐殖质也有可能活化土壤中的重金属，从而促进植物对镉的吸收。有研究发现，有机酸中的配体在土壤溶液中与镉螯合，提高了镉在土壤中的溶解性和生物有效性（Zeng et al.，2011）。镉-腐殖质复合物的移动性取决于腐殖质本身的溶解度。例如，自然 pH 条件下总是可溶的富里酸可以使被土壤固定的镉溶出，增加其移动性。这种现象在高 pH 条件下，Cd^{2+} 溶解度较低时尤为显著（Wu et al.，2002）。因为高 pH 条件下，重金属离子会以专性吸附的形式牢固束缚于铁锰氧化物表面（Bruemmer et al.，1986）。此时，腐殖质形成的可溶复合物就会提高镉在液相的分配，增高其溶解度。更重要的是，植物的 YSL 转运蛋白可以直接吸收螯合态，尤其是低分子质量螯合态的 Cd^{2+}（Curie et al.，2009）。因此，也有很多有关腐殖质提高植物重金属吸收的报道（Cui et al.，2008；Hernandez et al.，2013）。在使用有机质钝化土壤中的镉时，需要综合考虑环境因素。

3. 调节土壤 Eh

土壤是一个复杂的体系，经常处于氧化还原的交替状态。氧化还原电位（Eh）是土壤的一种基本理化性质，是表征土壤环境条件的重要因素之一。而土壤的 Eh 值在很大程度上影响着植物对一些微量重金属元素的吸收。当氧化还原电位发生变化时，对土壤中氧化铁、有机物、pH、硫化物等产生影响，而这些因素都影响着土壤重金属形态的迁移和转化。尤其是根际 Eh，不仅改变重金属的价态和存在形态，同时影响根系的吸收性能和重金属在土壤中的溶解度，从而降低土壤重金属的危害。

土壤 Eh 值主要受水分管理的影响，其高低可以改变镉的溶解性。淹水时（Eh 值较低），微生物利用土壤中的氧化物质如 SO_4^{2-}、Fe^{3+}、Mn^{3+}/Mn^{6+} 以及有机质等进行呼吸作用，使其转化为 S^{2-}、Fe^{2+}、Mn^{2+} 以及小分子有机物（De Livera et al.，2011）。同时，Fe^{2+} 可形成 $FeCO_3$、$Fe(OH)_2$、$Fe_3(OH)_6$ 等沉淀，这些沉淀又发生氧化作用，形成溶液浓度低的无定形氧化铁（Tack et al.，2006）。有研究发现，淹水可降低土壤中的交换态镉占总镉的比例，使其转化为活性较低的晶型铁氧化物结合态（Yu et al.，2016）。土壤中的镉还可与还原产生的 S^{2-} 形成难溶于水的 CdS 沉淀（Bingham et al.，1976）。而在排水时（Eh 值较高），土壤处于氧化状态，形成了可溶于水的 $CdSO_4$。在稻田淹水情况下，溶解还原的 Mn^{2+} 可降低水稻对镉的吸收，可能是由于离子间对 Nramp5 转运子的竞争作用（Fulda et al.，2013）。Eh 还可以通过影响土壤的 pH 来影响镉的有效性，酸性土壤淹水后，土壤中的氧化物质发生还原作用，因而消耗了大量的质子，使土壤 pH 升高，进而降低了土壤镉的有效性（Sun et al.，2007；Honma et al.，2016）。

另外，为了适应浸水或水淹环境，湿地植物（如水稻）根系的通气组织可以将通过叶片输送过来的氧气释放到根际，使土壤中的低价铁锰离子发生氧化作用，沉积在根表形成一种红色或红棕色的胶膜（Fu et al.，2010）。此胶膜属于两性胶体，对土壤中的阴离子、阳离子均具有一定的吸附作用。有研究表明，根际胶膜可作为一个屏障，减少水稻对镉的吸收（Liu et al.，2008）。然而，此胶膜又可以作为镉源，促进水稻对镉的吸收（Liu et al.，2010）。因此，铁锰对土壤中镉有效性的影响与多个因素有关。

在还原状况下，若土壤中存在大量硫酸盐，会被还原成为 S^{2-}，与镉结合形成硫化镉沉淀，一种高度难溶性物质。当土壤处于氧化状态，硫化物不稳定而发生氧化，从而使镉等重金属元素释放出来。有研究表明，采取干湿交替、排水烤田的常规水分管理方式可以降低糙米中镉含量。

第四节　小　　结

重金属是不能降解的物质，解决土壤重金属污染的方案是移除或者降低其有效性。土壤重金属移除有客土、植物修复和土壤淋洗等方法。根据植物对重金属吸收的差异特性以及影响土壤重金属有效性的土壤因素，降低土壤重金属有效性方法有 4 类：①筛选低重金属吸收能力的品种种植；②降低土壤重金属有效性的适时水分管理方法；③降低土壤重金属有效性的土壤调理剂施用方法；④通过植物体内的离子颉颃或者络合固定，阻碍已经进入作物体内的重金属进一步迁移到籽实部位的叶面喷施方法，以及施用一些认为有降低重金属有效性的微生物添加剂的方法。这些农艺调控措施统称为“VIP（品种筛选 variety＋灌溉 irrigation＋pH 调控）＋n（叶面喷施、微生物技术等）”（张桃林，2015）。主要是通过控制土壤水分、合理施肥和改变作物种类等方法钝化重金属，降低其生物活性，具有费用低、操作简单等优点，这些农业调控技术适用于中、轻度污染土壤的治理。

土壤重金属污染来源极其复杂、评价难度大和治理任务艰巨的特点，决定了污染防治工作的长期性和艰巨性。必须本着科学认识、统筹规划、综合防治、分类指导、治用结合的原则，尽快全面把握耕地土壤重金属污染状况，从加强普查监测、加强科技支撑、完善法律法规、培育环保产业、构建工作体系等方面入手，保障耕地土壤重金属污染防治工作的成效（张桃林，2015）。

依据《土壤环境质量标准　农用地土壤污染风险管控标准》（GB 15618—2018），对不同的污染土壤进行分类管理。当土壤中镉、汞、砷、铅、铬的含量高于风险筛选值、等于或者低于风险管制值时，可能存在食用农产品不符合质量安全标准等土壤污染风险，应当采取农艺调控、替代种植等安全利用措施等（图 10-4）。当土壤中镉、汞、砷、铅、铬的含量高于风险管制值时，食用农产品不符合质量安全标准等农用地土壤污染风险高，且难以通过安全利用措施降低食用农产品不符合质量安全标准等农用地土壤污染风险，原则上应当采取禁止种植食用农产品、退耕还林等严格管控措施（图 10-5）。

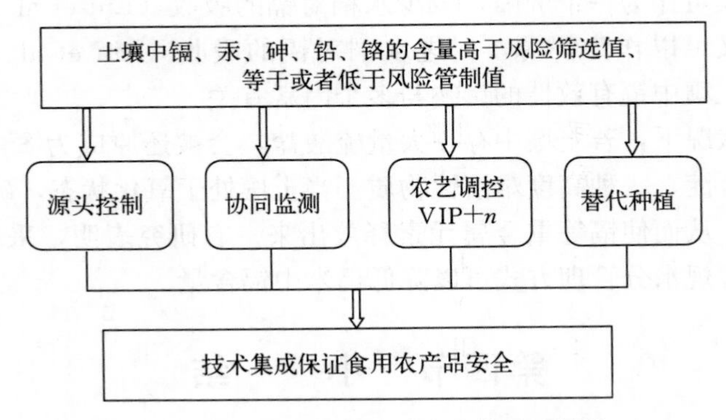

图 10-4　轻度、中度污染土壤风险管控

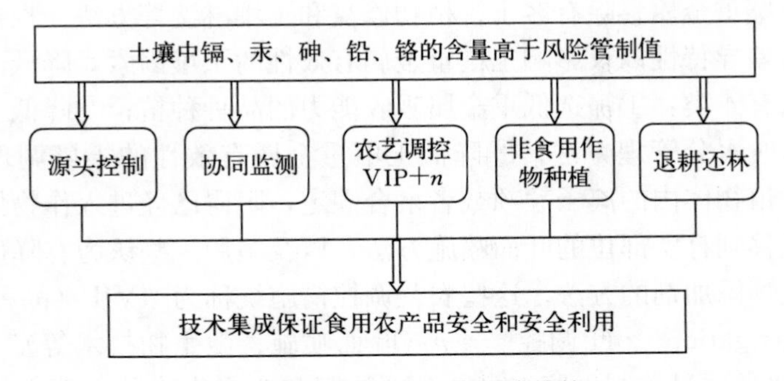

图 10-5　重污染土壤风险管控

不管以哪种方法治理重金属污染土壤，都要建立在对土壤性质、土壤污染特征等深入了解和掌握的基础之上；考虑到土壤污染的高度不均匀性，且农田污染治理的高额费用等特点，任何一个治理项目都应在对土壤性质和污染特征详细调查的基础上做技术的选择和经济性评估。

主要参考文献

陈怀满，1996. 土壤-植物系统中的重金属污染［M］. 北京：科学出版社.

崔德杰，张玉龙，2004. 土壤重金属污染现状与修复技术研究进展［J］. 土壤通报，35（3）：366－370.

崔玉静，赵中秋，刘文菊，等，2003. 镉在土壤-植物-人体系统中迁移积累及其影响因子［J］. 生态学报，23（10）：2133－2144.

俄胜哲，杨思存，崔云玲，等，2009. 我国土壤重金属污染现状及生物修复技术研究进展［J］. 安徽农业科学（19）：9104－9106.

国家统计局，2016. 2016年我国农用化肥用量［DB/OL］. http：//data. stats. gov. cn.

华珞，白铃玉，韦东普，等，2002. 有机肥-镉-锌交互作用对土壤镉锌形态和小麦生长的影响［J］. 中国环境科学，22（4）：346－350.

黄青青，刘星，张倩，等，2014. 应用ICP－MS和AFS测定含磷肥料中重金属含量［J］. 光谱学与光谱分析（5）：1403－1406.

黄小洋，邵劲松，马运涛，2017. 施用猪粪有机肥对土壤环境质量的影响［J］. 河南农业科学，46（11）：66－74.

姜萍，金盛杨，郝秀珍，等，2010. 重金属在猪饲料-粪便-土壤-蔬菜中的分布特征研究［J］. 农业环境科学学报（5）：942－947.

李花粉，2000. 根际重金属污染［J］. 中国农业科技导报，2（4）：54－59.

李花粉，隋方功，2011. 环境监测［M］. 北京：中国农业大学出版社.

李书田，刘荣乐，2006. 国内外关于有机肥料中重金属安全限量标准的现状与分析［J］. 农业环境科学学报，25（增刊）：777－782.

刘树堂，赵永厚，孙玉林，等，2005. 25年长期定位施肥对非石灰性潮土重金属状况的影响［J］. 水土保持学报，19（1）：164－167.

楼根林，张中俊，伍钢，等，1990. Cd在成都壤土和几种蔬菜中累积规律的研究［J］. 农村生态环境，6（2）：40－44.

鲁如坤，时正元，熊礼明，1992. 我国磷矿磷肥中镉的含量及其对生态环境影响的评价［J］. 土壤学报，29（2）：150－157.

骆永明，2009. 污染土壤修复技术研究现状与趋势［J］. 化学进展，21（2）：558－565.

潘寻，韩哲，贲伟伟，2013. 山东省规模化猪场猪粪及配合饲料中重金属含量研究［J］. 农业环境科学学报，32（1）：160－165.

芮玉奎，申建波，张福锁，等，2008a. 应用ICP－MS测定KCl肥料中重金属元素含量［J］. 光谱学与光谱分析，28（10）：2428－2430.

芮玉奎，申建波，张福锁，2008b. 应用ICP－MS测定两种氮肥中重金属含量［J］. 光谱学与光谱分析，28（10）：2425－2427.

汪雅各，章国强，1985. 蔬菜区土壤镉污染及蔬菜种类选择［J］. 农业环境保护，4（1）：7－10.

王美，2014. 长期施肥对土壤及作物产品重金属累积的影响［D］. 北京：中国农业科学院.

王梦梦，原梦云，苏德纯，2017. 我国大气重金属干湿沉降特征及时空变化规律［J］. 中国环境科学，37（11）：4085－4096.

王腾飞，谭长银，曹雪莹，等，2017. 长期施肥对土壤重金属积累和有效性的影响［J］. 农业环境科学学报，36（2）：257－263.

王文兴，童莉，海热提，2005. 土壤污染物来源及前沿问题［J］. 生态环境，14（1）：1－5.

王玉军，陈能场，刘存，等，2015. 土壤重金属污染防治的有效措施：土壤负载容量管控法［J］. 农业环境科学学报，34（4）：613－618.

闫素梅，郝永清，史彬林，等，2002. 日粮锌水平对肉仔鸡组织锌浓度及其生产性能与免疫机能的影响［J］. 饲料工业，23（12）：24－27.

张夫道，1985. 化肥污染的趋势与对策［J］. 环境科学，6（6）：54－58.

张树清，张夫道，刘秀梅，等，2005. 规模化养殖畜禽粪主要有害成分测定分析研究［J］. 植物营养与肥料学报（6）：116－123.

张桃林，2015. 科学认识和防治耕地土壤重金属污染［J］. 土壤，47（3）：435－439.

庄坚，2019. 不同种类蔬菜富集重金属的差异性以及土壤中镉安全限值研究［D］. 北京：中国农业大学.

ALEXANDER P，ALLOWAY B，DOURADO A，2006. Genotypic variations in the accumulation of Cd，Cu，Pb and Zn exhibited by six commonly grown vegetables［J］. Environmental Pollution，144：736－745.

ARTHUR B，MORGAN H，2000. Optimizing plant genetic strategies for minimizing environmental contamination in the food chain［J］. International Journal of Phytoremediation，2（1）：1－21.

BAKER A，1981. Accumulators and excluders－strategies in the response of plants to heavy metals［J］. Journal of Plant Nutrition，3：643－654.

BINGHAM F，PAGE A，MAHLER R，et al，1976. Cadmium availability to rice in sludge－amended soil under flood and non－flood culture［J］. Soil Science Society of America Journal，40：715－719.

BRUEMMER G，GERTH J，HERMS U，1986. Heavy－metal species，mobility and availability in soils［J］. Zeitschrift fur Pflanzenernahrung und Bodenkunde，149（4）：382－398.

CHAO L，ZHOU Q，CUI S，et al，2007. Profile distribution and pollution assessment of heavy metals in soils under livestock feces composts［J］. Yingyong Shengtai Xuebao，18（6）：1346－1350.

CUI Y，DU X，WENG L，et al，2008. Effects of rice straw on the speciation of cadmium（Cd）and copper（Cu）in soils［J］. Geoderma，146（1/2）：370－377.

CURIE C, CASSIN G, COUCH D, et al, 2009. Metal movement within the plant: contribution of nicotianamine and yellow stripe 1 - like transporters [J]. Annals of Botany, 103 (1): 1-11.

DE LIVERA J, MCLAUGHLIN M, HETTIARACHCHI G, et al, 2011. Cadmium solubility in paddy soils: effects of soil oxidation, metal sulfides and competitive ions [J]. Science of the Total Environment, 409: 1489 - 1497.

FORMENTINI T, MALLMANN F, PINHEIRO A, et al, 2015. Copper and zinc accumulation and fractionation in a clayey Hapludox soil subject to long - term pig slurry application [J]. Science of the Total Environment, 536: 831 - 839.

FU Y, YU Z, CAI K, et al, 2010. Mechanism of iron plaque formation on root surface of rice plants and their ecological and environmental effects: A review [J]. Plant Nutrition and Fertilizer Science, 16 (6): 1527 - 1534.

FULDA B, VOEGELIN A, KRETZSCHMAR R, 2013. Redox - controlled changes in cadmium solubility and solid - phase speciation in a paddy soil as affected by reducible sulfate and copper [J]. Environmental Science & Technology, 47 (22): 12775 - 12783.

HERNANDEZ S, PENA A, DOLORES M, 2013. Soluble metal pool as affected by soil addition with organic inputs [J]. Environmental Toxicology and Chemistry, 32 (5): 1027 - 1032.

HONMA T, OHBA H, KANEKO K, et al, 2016. Optimal soil Eh, pH, and water management for simultaneously minimizing arsenic and cadmium concentrations in rice grains [J]. Environmental Science & Technology, 50: 4178 - 4185.

HOU Q, YANG Z, JI J, et al, 2014. Annual net input fluxes of heavy metals of the agro - ecosystem in the Yangtze River Delta, China [J]. Journal of Geochemical Exploration, 139 (1): 68 - 84.

HUANG Q, YU Y, WAN Y, et al, 2018. Effects of continuous fertilization on bioavailability and fractionation of cadmium in soil and its uptake by rice (*Oryza sativa* L.) [J]. Journal of Environmental Management, 215: 13 - 21.

LEGROS S, DOELSCH E, FEDER F, et al, 2013. Fate and behaviour of Cu and Zn from pig slurry spreading in a tropical water - soil - plant system [J]. Agriculture Ecosystems & Environment, 164: 70 - 79.

LI X, ZHOU Q, SUN X, et al, 2016. Effects of cadmium on uptake and translocation of nutrient elements in different welsh onion (*Allium fistulosum* L.) cultivars [J]. Food Chemistry, 194: 101 - 110.

LIU H, ZHANG J, CHRISTIE P, et al, 2008. Influence of iron plaque on uptake and accumulation of Cd by rice (*Oryza sativa* L.) seedlings grown in soil [J]. Science of the Total Environment, 394: 361 - 368.

LIU J, CAO C, WONG M, et al, 2010. Variations between rice cultivars in iron and manganese plaque on roots and the relation with plant cadmium uptake [J]. Journal of Environmental Sciences, 22 (7): 1067 - 1072.

LUO L, MA Y, ZHANG S, et al, 2009. An inventory of trace element inputs to agricultural soils in China [J]. Journal of Environmental Management, 90: 2524 - 2530.

NISHIYAMA Y, YANAI J, KOSAKI T, 2010. Potential of Thlaspi caerulescens for cadmium phytoremediation: comparison of two representative soil types in Japan under different planting frequencies [J]. Soil Science and Plant Nutrition, 51 (6): 827 - 834.

SAUVE S, HENDERSHOT W, ALLEN H, 2000. Solid - solution partitioning of metals in contaminated soils: Dependence on pH, total metal burden and organic matter [J]. Environmental Science & Technology, 34 (7): 1125 - 1131.

SHAHID M, DUMAT C, KHALID S, et al, 2017. Cadmium bioavailability, uptake, toxicity and detoxification in soil - plant system [J]. Reviews of Environmental Contamination and Toxicology, 241: 73 - 137.

SOLGI E, SHEIKHZADEH H, SOLGI M, 2018. Role of irrigation water, inorganic and organic fertilizers in soil and crop contamination by potentially hazardous elements in intensive farming systems: case study from Moghan agro - industry, iran [J]. Journal of Geochemical Exploration, 185: 74 - 80.

SUN L, CHEN S, CHAO L, et al, 2007. Effects of flooding on changes in Eh, pH and speciation of cadmium and lead in contaminated soil [J]. Bulletin of Environmental Contamination and Toxicology, 79 (5): 514 - 518.

TACK F, VAN R, LIEVENS C, et al, 2006. Soil solution Cd, Cu and Zn concentrations as affected by short - time drying or wetting: The role of hydrous oxides of Fe and Mn [J]. Geoderma, 137 (1/2): 83 - 89.

WANG F, WANG M, LIU Z, et al, 2015. Different responses of low grain - Cd - accumulating and high grain - Cd - accumulating rice cultivars to Cd stress [J]. Plant Physiology and Biochemistry, 96: 261 - 269.

WANG J, FANG W, YANG Z, et al, 2007. Inter and intraspecific variations of cadmium accumulation of 13 leafy vegetable species in a greenhouse experiment [J]. Journal of Agricultural and Food Chemistry, 55: 9118 - 9123.

WANG T, TAN C, CAO X, et al, 2017. Effects of long - term fertilization on the accumulation and availability of heavy metals in soil [J]. Journal of Agro - Environment Science, 36 (2): 257 - 263.

WHALEN J, CHANG C, CLAYTON G, et al, 2000. Cattle manure amendments can increase the pH of acid soils [J]. Soil Science Society of America Journal, 64 (3): 962 - 966.

WILLIAMS P, LEI M, SUN G, et al, 2009. Occurrence and partitioning of cadmium, arsenic and lead in mine impacted paddy rice: Hunan, China [J]. Environmental Science & Technology, 43 (3): 637 - 642.

WU J, WEST L, STEWART D, 2002. Effect of humic substances on Cu (Ⅱ) solubility in kaolin - sand soil [J]. Journal of Hazardous Materials, 94 (13): 223 - 238.

XIA X, YANG Z, CUI Y, et al, 2014. Soil heavy metal concentrations and their typical input and output fluxes on the southern Songnen Plain, Heilongjiang Province, China [J]. Journal of Geochemical Exploration, 139 (1): 85 - 96.

XIONG X, LI Y, LI W, et al, 2010. Copper content in animal manures and potential risk of soil copper pollution with animal manure use in agriculture [J]. Resources Conservation and Recycling, 54 (11): 985 - 990.

XU W, LI Y, HE J, et al, 2010. Cd uptake in rice cultivars treated with organic acids and EDTA [J]. Journal of Environmental Science, 22: 441 - 447.

XU Y, YU W, MA Q, et al, 2013. Accumulation of copper and zinc in soil and plant within ten - year application of different pig manure rates [J]. Plant Soil and Environment, 59 (11): 492 - 499.

YAN Y, CHOI D, KIM D, et al, 2010. Genotypic variation of cadmium accumulation and distribution in rice [J]. Journal of Crop Science and Biotechnology, 13 (2): 69 - 73.

YANG J, GUO H, MA Y, et al, 2010. Genotypic variations in the accumulation of Cd exhibited by different vegetables [J]. Journal of Environmental Science, 22 (8): 1246 - 1252.

YANG L, HUANG B, HU W, et al, 2014. The impact of greenhouse vegetable farming duration and soil types on phytoavailability of heavy metals and their health risk in eastern China [J]. Chemosphere, 103: 121 - 130.

YANG Y, ZHANG F, LI H, et al, 2009. Accumulation of cadmium in the edible parts of six vegetable species grown in Cd - contaminated soils [J]. Journal of Environmental Management, 90 (2): 1117 - 1122.

YU H, LIU C, ZHU J, et al, 2016. Cadmium availability in rice paddy fields from a mining area: The effects of soil properties highlighting iron fractions and pH value [J]. Environmental Pollution, 209: 38 - 45.

YU Y, WAN Y, CAMARA A, et al, 2018. Effects of the addition and aging of humic acid - based amendments on the solubility of Cd in soil solution and its accumulation in rice [J]. Chemosphere, 196: 303 - 310.

ZAVODA J, CUTRIGHT T, SZPAK J, et al, 2001. Uptake, selectivity and inhibition of hydroponic treatment of contaminants [J]. Journal of Environmental Engineering, 127 (6): 502 -508.

ZENG F, ALI S, ZHANG H, et al, 2011. The influence of pH and organic matter content in paddy soil on heavy metal availability and their uptake by rice plants [J]. Environmental Pollution, 159: 84 - 91.

ZHENG R, LI H, JIANG R, et al, 2008. Cadmium accumulation in the edible parts of different cultivars of radish, *Raphanus Sativus* L., and carrot, *Daucus carota* var. sativa, grown in a Cd - contaminated soil [J]. Bulletin of Environmental Contamination and Toxicology，81：75－79.

ZHOU D，HAO X，WANG Y，et al，2005. Copper and Zn uptake by radish and pakchoi as affected by application of livestock and poultry manures [J]. Chemosphere，59 (2)：167－175.

ZHU Q，HUANG D，ZHU G，et al，2010. Sepiolite is recommended for the remediation of Cd－contaminated paddy soil [J]. Acta Agriculturae Scandinavica，60 (2)：110－116.